一本小小的逻辑书

著

LOGIC

中国纺织出版社有限公司

内 容 提 要

很多时候，我们习惯性地陷入“一厢情愿”的思考中，这让我们感到温暖、快乐、踏实、惬意。然而，生活不是童话世界，现实问题极其复杂，这样的思考方式很难让我们看清问题的实质，轻则给我们带来不便，重则使我们陷入危险或更大的麻烦中。

世界上的很多事情，并不以我们的意志为转移，很多事物的本质和表现出来的现象，并不完全相同。逻辑学存在的意义，就是让我们在听到或看到一个观点和意见时，下意识地追问一句：这件事是不是真的？有没有确凿的证据证明它是真的？逻辑学帮助我们不被事物的表象迷惑，使我们能借助清晰的思考和理性的分析，辨别语言陷阱，发现事情的真相，从而作出理性睿智的决策。

图书在版编目（CIP）数据

一本小小的逻辑书 / 杨波著.--北京：中国纺织出版社有限公司，2023.4

ISBN 978-7-5229-0301-9

Ⅰ.①一… Ⅱ.①杨… Ⅲ.①逻辑学—通俗读物 Ⅳ.①B81-49

中国国家版本馆CIP数据核字（2023）第021421号

责任编辑：郝珊珊　　责任校对：江思飞　　责任印制：储志伟

中国纺织出版社有限公司出版发行
地址：北京朝阳区百子湾东里 A407 号楼　邮政编码：100124
销售电话：010—67004422　传真：010—87155801
http：//www.c-textilep.com
中国纺织出版社天猫旗舰店
官方微博http：//weibo.com/2119887771
天津千鹤文化传播有限公司印刷　各地新华书店经销
2023年4月第1版第1次印刷
开本：880×1230　1/32　印张：7
字数：204千字　定价：55.00元

前　言

在学业生涯中，因为术业有专攻，我们真的鲜有机会接触逻辑学。因此，提及这一领域的内容时，很多人都是一脸茫然，无法说出逻辑学究竟是什么，又有何用，甚至有的人脑子里完全是一片空白，没有任何有关逻辑学的概念。

说不出、道不明，不代表用不着、不在用。事实上，无论能否准确地指出逻辑学是什么，它都从来不曾远离我们，甚至无时无刻不围绕在你我身边。

走进超市，醒目的牌子上写着“买一送一”的标语，你以为这是超市在做减价促销的活动，正准备入手两件完全一样的产品时，却发现人家说的“买一送一”和你想得完全不一样：买一条裤子，原来只送一双袜子；买两支牙膏，原来只送一个刷牙杯。

其实，在“买一送一”的问题上，商家所用的策略就是故意混淆概念，而这正是逻辑学。

打开微信，你看到一位长辈又给你转发了文章——“如果你有孩子，不懂这一点很可能耽误孩子一生”。这已经不是第一次了，原本就存在育儿焦虑的你，看到这样的内容时很纠结，屏蔽不看怕留遗憾，可之前阅读了几次却发现全是“标题党”！你想不明白，为什么长辈们会对这样的文章深信不疑，更想不明白，为什么这样的文章会让你既厌恶又想看。

你可能没有想到，这依然和逻辑学有关。恐惧是人类最原始的情感之一，也是人类赖以生存的一种直觉反应。人在感到恐惧的时候，经常会做出一些可怕的或不寻常的事情。正是由于这种天性，恐惧经常被一些别有用心的人利用，以此强化自己的观点。

孩子向母亲开口诉说委屈：“她们在学校孤立我，没有人跟我一起玩。”母亲听后，没有给孩子所需要的情感回应，而是反过来给孩子“补刀”：“为什么她们偏偏孤立你，不孤立别人？肯定是你不会跟人相处！”面对母亲的回应，孩子无言以对。她的沉默，让母亲认为自己的猜测是正确的，其实在孩子眼里，母亲的回答与“杠精”没什么分别。

我们之所以不喜欢“杠精”，是因为不讲理的是他们，最后有理的还是他们！与“杠精”争辩——吵个脸红脖子粗，试图证明自己是对的，最后只会在无形中变得和他们一样。“杠精”的回答通常是不合逻辑的，想要让“杠精”闭嘴，破斥逻辑谬误才是唯一的可行之道。

说到这里，你可能意识到了，逻辑是思维的规律、规则，但它并没有想象中那么高深莫测、晦涩难懂，也不全是黑格尔哲学中的大逻辑、小逻辑，它就贯穿于日常生活之中，随时随地都在影响着我们的沟通、判断和决策。

奥斯卡·王尔德说过：“逻辑没有爱情的一半重要，但它能证明事情。”

生活中的问题从来都不像1+1=2那么简单，真相与假象之间的差异也不总是那么容易区分。特别是在我们今天所处的时代中，各种信息如海啸般袭来，冲击着眼球，争夺着注意力。想要不被鱼目混珠的信息裹挟，不被夸张的、错误的言论误导和迷惑，不被别有用心之人操控和利用，我们必须有识别信息真伪、判断命题真假、直击问题本质、批判歪理和谬误的能力，而这一切都有赖于逻辑思维。

这本小小的逻辑书，从最简单、最生活化的问题入手，让我们了解逻辑学原理，认识逻辑规律，脱离日常思维的浅薄和粗糙，不断地洞穿思维对象的深层和本质，掌握分析问题的方法，提升解决问题的能力。

同时，它也引导我们养成批判性思维，识别语言陷阱，在听到或看到一个观点和意见时追问一句：这件事是不是真的？有没有确凿的证据证明它是真的？让我们借助清晰的思考，理性的分析，识别出语言陷阱，拆穿谎言、辨识谬误，发现事情的真相。

目　录

CHAPTER 1 逻辑学有什么用？——清醒思考的艺术

01 思维的双向运动
——为什么数学天才阿普顿算不出灯泡的体积？ ▸ 002

02 反直觉思考
——怎么证明我们不再是原来的古希腊人？ ▸ 006

03 逻辑思考力
——“神探”是怎么推理出毒品的藏匿地的？ ▸ 010

04 赌徒谬误
——你以为你以为的，就是你以为的吗？ ▸ 013

05 简单答案不存在
——骗子是怎样利用“9 · 11 事件”发国难财的？ ▸ 016

06 强制推理
——开豪车的年轻人，父母一定是富商吗？ ▸ 018

07 归纳谬误
——泰坦尼克号的船长史密斯错在哪儿了？ ▸ 020

08 零风险偏误
——现实生活中有绝对的零风险吗？ ▸ 022

09 联想机制
——抽纤细的香烟，能让身材变纤细吗？ ▸ 024

10 群体思维
——为什么一群聪明人会作出蠢决策？ ▸ 026

11 批判性思考
——你会把自我判断的权利交付给他人吗？ ▸ 030

12 沉锚效应
——店铺老板是怎样误会乞丐的？ ▸ 033

CHAPTER 2 什么叫合乎逻辑？——合乎逻辑就是合乎真相

01 同一律
——人是猴子变成的吗？ ▸ 038

02 矛盾律
——如果我说我正在说谎，那我说的话是真还是假？ ▸ 040

03 排中律
——鲍西亚的肖像藏在哪个匣子里？ ▸ 042

04 充足理由律
——和丑妻生五个孩子就是好色之徒吗？ ▸ 045

05 偷换概念
——粉丝汪伦是怎么忽悠偶像李白的？ ▸ 047

06 混淆概念
——为什么“买一送一”的广告不可轻信？ ▸ 050

07 **模糊概念**
——为什么伯乐的儿子把蛤蟆当千里马？ ▸ 052

08 **断章取义**
——天才是 1% 的灵感加上 99% 的汗水吗？ ▸ 054

09 **绝对化谬误**
——有才的能长寿，还是无才的能长寿？ ▸ 057

10 **说文解字**
——“窃书”到底算不算“偷”？ ▸ 058

CHAPTER 3 怎样判断真假对错？——区分事实与观点

01 **一厢情愿**
——你希望一件事是真的，它就是真的吗？ ▸ 062

02 **诉诸权威**
——不用香水的女人就没有未来吗？ ▸ 065

03 **诉诸传统**
——从来如此，便是对吗？ ▸ 068

04 **诉诸大众**
——观点正确与否与多少人认同有关系吗？ ▸ 071

05 **诉诸恐惧**
——为什么齐王会娶奇丑无比的无盐？ ▸ 074

06 **怀疑主义**
——什么叫“以小人之心，度君子之腹”？ ▸ 076

07 重复谎言
——谎言重复一千遍，就能替代事实吗？ ▸ 079

08 诉诸出身
——有其父必有其子，是不是真的呢？ ▸ 080

09 以人为据
——狂放之士，用他有什么好处呢？ ▸ 082

10 破除迷信
——本命年穿了红袜子怎么还是没走运？ ▸ 084

CHAPTER 4 如何应对强盗逻辑？——保持思考的独立性

01 诉诸个体
——你的个人经验，能代表所有人吗？ ▸ 088

02 过度引申
——有没有人说“你注定不是做……的材料”？ ▸ 090

03 诉诸无知
——没人能证明你是对的，你就是错的？ ▸ 092

04 诉诸怜悯
——穷到走投无路，偷东西就该被原谅？ ▸ 094

05 诉诸规则以外
——借了别人钱没还，不代表不守信用？ ▸ 095

06 诉诸最差
——我只是偷了点东西，又没有伤人！ ▸ 097

07 诉诸沉默
——嫌疑犯不说话，能认定他有罪吗？ ▶ 098

08 诉诸势力
——人在屋檐下，是不是必须低头？ ▶ 100

09 诉诸后果
——服兵役上前线的概率只有 50%，你怕什么？ ▶ 102

CHAPTER 5 怎样逼近问题本质？——学会有效地提问

01 关联性
——逻辑学家是怎么买猫的？ ▶ 108

02 因果关系
——太阳落山是因为保姆回家了吗？ ▶ 112

03 替代原因
——有没有其他原因可以解释事件的发生？ ▶ 114

04 洞悉本质
——为什么邻居会如此不懂礼貌？ ▶ 116

05 追踪思维
——多问几个“为什么”意义何在？ ▶ 117

06 事实断言
——你如何知道它是真的，能证明吗？ ▶ 120

07 采樱桃谬误
——为什么广告里的话不能完全当真？ ▶ 123

CHAPTER 6 什么是正确的推理？——前提真实且形式有效

01 直言三段论
——黑格尔哲学是马克思主义的灵魂？ ▸ 130

02 机械类比
——东施效颦的笑话是怎么闹出来的？ ▸ 134

03 预设谬误
——如果前提站不住脚，结论靠得住吗？ ▸ 136

04 假言推理
——警察对嫌疑犯的指控有什么问题？ ▸ 139

05 二难推理
——学生该不该支付另一半的学费？ ▸ 145

06 滑坡谬误
——上不了好学校，将来就会学坏吗？ ▸ 148

07 无理假设
——至尊宝的深情告白可以兑现吗？ ▸ 151

08 推不出来
——和尚动得，为何我动不得？ ▸ 152

CHAPTER 7 论证的意义是什么？——有理有据地说服他人

01 沟通漏斗
——为什么要带着逻辑进行有效沟通？ ▸ 156

02 无足轻重
——抽烟会影响空气质量吗？ ▸ 161

03 三点式结构
——“啰唆”到底是什么意思？ ▸ 163

04 同构意悖
——怎样应对一个胡搅蛮缠的酒鬼？ ▸ 166

05 稻草人谬误
——你说我今天好看，那我昨天不好看吗？ ▸ 169

06 预期理由
——为什么朋友不肯再借钱？ ▸ 172

07 事实论据
——雨点从高空落下，怎么没砸死人？ ▸ 174

08 善用数字
——怎样让表达更精准、更有说服力？ ▸ 175

09 融入假设
——观点的说服力较弱时，该怎样弥补？ ▸ 178

CHAPTER 8 怎样实现创意思考？
——灵活运用思维方式

01 求易思维
——把哪位科学家扔出热气球最合适？ ▸ 184

02 触类旁通
——思维卡壳的时候该怎么办？ ▸ 187

03 **组合思维**
——为什么说组合的力量是强大的？ ▸ 189

04 **逆向思维**
——怎样解决拍集体照闭眼的问题？ ▸ 191

05 **换位思维**
——如何有效地降低争执的概率？ ▸ 193

06 **结构化思维**
——思路清晰的人有什么秘诀？ ▸ 197

07 **从零开始思考**
——如何避免被现有的框架束缚？ ▸ 200

08 **第三选择**
——怎样走出非此即彼的思维模式？ ▸ 203

09 **升维思考**
——我们为什么要学习蝈蝈思维？ ▸ 205

CHAPTER 1

逻辑学有什么用？

清醒思考的艺术

01 思维的双向运动

——为什么数学天才阿普顿算不出灯泡的体积?

爱迪生有一位名叫阿普顿的助手，毕业于普林斯顿大学数学系。有一天，爱迪生把一只灯泡交给阿普顿，让他计算灯泡的体积。阿普顿拿着灯泡看了又看，觉得灯泡应该是梨形的，心想：这不太容易计算，但是难不倒我！

阿普顿拿着尺子上下量了量灯泡，又画出一张草图，而后列出了一大堆密密麻麻的公式。他计算得很认真，额头上沁出了汗珠。几个小时过去了，桌子上堆满了演算用的稿纸……又过了一个小时，爱迪生询问阿普顿有没有计算出结果，阿普顿一边擦汗一边说：“快了，快了，就快算出来了。”又过了好久，阿普顿还是没能算出答案。

爱迪生强忍住笑，拿过灯泡，半分钟就给出了答案。你猜猜，爱迪生是怎么计算的?

爱迪生拿过灯泡，将其沉到洗脸池中，让灯泡灌满水，然后把灯泡里的水倒进量筒，瞬间就得出了答案。阿普顿利用数学方法来计算灯泡体积，不仅要用到微积分中求旋转体体积的知识，还需要知道灯泡截面曲线的函数方程，计算过程非常复杂。

讲这个故事，不是为了对爱迪生和阿普顿进行褒贬，而是想说明：我们在解决问题的过程中，逻辑思维与直觉思维都在发挥着作用。阿普顿的逻辑思维与计算能力固然令人钦佩，而爱迪生的直觉思维却为计算灯泡体积提供了简单高效的途径。

直觉思维

直觉思维，就是建立在个人直觉的基础上，不经过推理和分析的过程，直接对认识对象下结论的思维方式。直觉思维具有迅捷性、直接性、本能意识等特征，当我们陷入某种情境或某个问题中时，大脑会下意识地提取过往的经历，从中寻找可复用的方案。一旦大脑搜寻到了类似的情境和问题，就倾向于直接复用当时的解决方案并停止继续思考。

直觉出现的时机，是在大脑功能处于最佳状态的时候，此时形成了大脑皮层的优势兴奋中心，使出现的种种自然联想顺利而迅速地接通。直觉思维具有自由性、灵活性、随机性、模糊性、创新性、整体性等特点，不受形式逻辑规律上的约束，也不遵守归纳逻辑的规律。直觉思维在创造活动中发挥着积极的作用，许多重大的发现都是基于直觉。

直觉思维有省时省力的效用，可以帮助我们快速优化选择，作出创造性预见。在一些时间紧迫的关键时刻，或是信息不充分的情况下，我们没有条件去进行推理分析，此时凭借直觉往往也可以作出力挽狂澜的选择。只是，直觉思维不总是美好的，它是一种快速的、冲动性的思维，能够迅速得出答案，但也极有可能产生错误。

过于依赖直觉去做判断和决策，就可能会落入下面的思维陷阱：

思维陷阱

* 当一种选择看起来更能代表我们已知的东西时，直觉会赋予其更多的权重。
* 直觉会忽视事件发生的基础概率，从而忘掉其发生的潜在可能性。
* 同样的实质内容，换一种表达方式，可能会引起直觉的错误判断。
* 直觉思维容易受情绪的影响，在愤怒、压力之下采取的行动未必是明智的。

逻辑思维

逻辑思维，是人们在认识事物的过程中借助概念、判断、推理等思维形式能动地反映客观现实的理性认识过程，也称抽象思维。简单来说，就是建立在因果关系之上的反映客观现实

的思维方式，具有规范、严密、确定和可重复的特点。

逻辑思维是抽象的、高级的、理性的推理过程，是一种有条件、有步骤、有根据、渐进式的思维方式。只有利用逻辑思维，我们才能实现对具体对象本质的把握，进而认识客观世界。

逻辑是理性思考的规则，学会了逻辑，也就学会了如何更加合理地思考。养成了逻辑思考力，在遇到问题的时候，我们就可以尽量避免带入个人的情感因素或极端思想，而是摆事实、讲道理，力求客观全面，直击问题的本质。

直觉思维 VS 逻辑思维

逻辑思维具有强大的实用性，直觉思维具有更高的创造性。如果光有逻辑没有直觉，就会显得很死板，少了些许灵动

和趣味；如果光有直觉没有逻辑，又会显得混乱，且容易生出谬误。逻辑思维可以弥补直觉思维产生的错误，而直觉思维可以将逻辑思维的成果进行升华。

直觉思维与逻辑思维都是思维力的体现，两种思维并不矛盾。如果你要问：是逻辑思维更准确，还是直觉思维更准确？毫无疑问，逻辑思维的准确率更高！

逻辑思维基于已知的、稳定的规律，其推理过程是严密的；而直觉思维是随性的、假设性的、偶然的、跳跃的，不需要做太多的思考。世界是复杂的，充满了未知，通过对已知规律的把握和运用，我们能做出可靠程度更高的选择，而这就是理智。

02 反直觉思考

——怎么证明我们不再是原来的古希腊人？

"如果我们拥有古希腊人的灵魂，却对他们曾经的生活一无所知，那么我们是否仍是原先的古希腊人呢？"对于哲学家约翰·洛克提出的这一问题，你怎么认为？

基于直觉，你可能会给出否定的答案。

如果是这样的话，请再深入思考一下：记忆是决定个人同一性的必要因素吗？

洛克提出了一个直觉上并不清晰的问题，而后用一个依靠直觉就能作出判断的假设情景进行回答，这样的做法能够让我们思考的问题变得清晰。可是从始至终，没有任何有效的论证，来证明我们不再是原先的古希腊人。

直觉思维，是不经过逐步分析，仅仅根据内在的感知就迅速对一个问题作出判断、猜想、设想；或是在疑难、迷糊的时候，忽然对问题产生一种顿悟，甚至对某件事物的结果有预感等情况。直觉不是理性的论证，两者却经常被人们混淆。尽管它有其特定的优势，但从逻辑学上来讲，直觉思维无法作为证据来证明某个观点，因为它没有可信度与说服力。

不能用直觉代替逻辑思考

当我们用直觉支撑一个观点时，依靠的是内在的感觉或常识，这是一个个性化的东西，其他人没有办法去判断它的可信度。况且，直觉本身也是不确定的东西，根据直觉提出的观点本身就有待考察。我们必须真诚、客观地对待直觉，不能用直觉代替逻辑思考。如果想用直觉做证据，先要拿出证据证明自己的直觉是可信的。只有经过证明的直觉，才能作为论据。

直觉思维来源于大脑习得的关于某事物的经验法则，其决策机制是信息的可获得性。由于经验记忆可以轻而易举地被捕捉，因此直觉可以快速地作出反应。但是，这样的决策通常充满了误导性，为了规避这类情况，我们不得不进行理性的反直觉思考。

反直觉思考≠反对直觉思考

反直觉思考，不是反对直觉思考，而是强调要对直觉思考进行更多的考量与判断。如果经过考量与判断，发现它是对的，就可以继续下去；如果经过考量与判断，发现它是错的，就不能再按照这个思路去做。

哥伦比亚商学院教授迈克尔·莫布森有一部著作名为《反直觉思考》，他认为：我们的所有思考都基于大脑的“默认设置”，使用的是经过百万年进化形成的“自带软件”，这种思维模式就是直觉思维，是我们所迷信的因果、逻辑、秩序，但它已经不能适应这个互联网和大数据时代。要想做决定、做选择的时候不犯错误，我们必须掌握反直觉的思考方法。

那么，我们该如何升级思维系统，避免被直觉思维左右呢？

1.警惕细节对判断的影响

场景中有越多的细节，我们就越容易相信，这就是直觉思维所致。事实上，细节越多，发生的可能性反而越低。要对抗直觉思维，必须警惕细节对自己判断的影响，不要被细节迷惑。

2.关注一件事的基线比例

人对概率天生缺乏直观感受，在概率极小的情况下，不能相信直觉。只有知道基线比例，即一件事正常发生的比例，才能判断一件事的真实发生概率。

现在，请你思考一个问题：警察因公牺牲的首要原因是什么？

A. 劳累猝死

B. 意外交通事故

C. 遭受暴力袭击

D. 抢险救灾

关于这个问题，大部分人会选择答案C或D，因为C经常出现在影视剧中，而D则经常出现在新闻里。事实上，相关统计数据显示，因公牺牲的民警中有50%以上是因为“劳累猝死”，有25%是因“意外交通事故”造成，而后面的两个选项，分别仅占5.2%和3.7%。

直觉思维有一个习惯，如果X具有某种明显的特征Y，我们很可能凭直觉认为所有跟X有关的问题，答案都是Y。就上述的问题而言，多数人之所以容易选择错误的答案，是因为人们对警察的大部分印象都来自影视剧，而忽略了警察只是一个职业，从事这一职业的是和我们一样的劳动者。所以，我们需要跳出直觉思维，来判断上述问题（警察因公牺牲）的正常发生比例，即：一般人因公死亡的首要原因是什么？

凭借常识便能判断出，A和B的发生概率远大于C和D。就算是考虑到警察这一职业的特殊性，我们也能够判断出，答案应该是A和B之中的一个。

03 逻辑思考力

——"神探"是怎么推理出毒品的藏匿地的？

在打击毒贩的活动中，警方一举歼灭了一个犯罪团伙。在犯罪嫌疑人的口袋里，警方搜到了一张纸条："26日下午3点，货在××区云杉树顶。"警方迅速赶到现场查看，结果发现，纸条上说的那棵云杉树并不高，货物明显不在树顶上。这时，一位有"神探"之称的高级督察，重新推敲了纸条上的那句话，且最终在正确的位置将货物取出。

你猜猜，这位"神探"是怎么推理出毒品藏匿地的？

现在，揭晓一下问题的答案：货物藏在下午3点时云杉树顶在地面的投影处！

生活是一个不断解决问题的过程，而我们所面对的问题并不比悬案简单，很多时候也是错综复杂的。那么，会解决问题的人与不会解决问题的人，最根本的区别是什么呢？

看过下面这个生活案例，你可能会更直观地领悟到答案。

假设，此刻正下着暴雨。你开着车，看到路边站着三个人：

A. 救过你命的医生

B. 生命垂危的老人

C. 你心仪的女神

你的车是两座的，你只能带上三人中的一个离开，你会怎么选呢？

看起来，这似乎是一个关乎着恩情、道义与爱情的抉择，实在令人为难。

也许，会有人选择恩情（A），理由是“他给了我第二次生命”；也许，会有人选择道义（B），理由是“救人一命胜造七级浮屠”；也许，会有人选择爱情（C），理由是“生命诚可贵，爱情价更高”。可是，无论哪一种选择，都牵涉着取舍，为了平衡内心的挣扎，最后你只能安慰自己说——没有两全其美的选择。

上述三个选项，你更倾向于哪一种？或者，你认为还有没有更优的可能性方案？

其实，做出上述三种选择的人，在思考这一问题时都被一个“圈套”迷惑了——“我是司机，我只能带走一个人”。现

在，你可以重新审视一下题目：这是你要解决的根本问题吗？

不！真正的问题是——四个人，两个座，怎么安排？

答案既简单又清晰：让医生开车送老人去医院，自己留下来陪女神！

逻辑思考力

逻辑思考力

在相似的处境之下，解决问题的思维决定了解决问题的能力，而解决问题的能力也决定了个人的价值。缺少逻辑思考力，很容易被既有选项迷惑，掉进惯性思维、思维定势的陷阱；而擅长逻辑思考的人，则能挖掘问题的根源，从而找到不同的解决方案。

想要从容地处理别人解决不了的问题，不一定非得智力突出，或是拥有特别的天赋。解决问题的能力不是与生俱来的，而是可以通过后天的刻意练习来获得并精进的。我们学习逻辑学的终极目的，就是脱离日常思维的浅薄和粗糙，不断地洞穿思维对象的深层和本质，培养自己的可迁移技能，学会解决错综复杂的问题。

04 赌徒谬误

——你以为你以为的，就是你以为的吗？

呆子：“以前我一直都不敢坐飞机，我询问过专家，他说每架飞机上有炸弹的概率是万分之一，万分之一虽然很小，但还没有小到可以忽略不计的程度。所以，我不敢坐。”

邻座：“那你今天怎么敢坐了？”

呆子：“我昨天又问了一下专家，每架飞机上有一颗炸弹的概率是万分之一，但每架飞机上同时有两颗炸弹的概率只有亿分之一，这已经小到可以忽略不计了。”

邻座：“两颗炸弹和你坐飞机有关系吗？”

呆子：“当然有关系！不是说飞机上同时有两颗炸弹的概率很小嘛，我自己带了一颗炸弹，这样就把飞机上有炸弹的概率从万分之一降到了亿分之一！”

听到呆子的解释，你一定觉得很可笑：“自己带炸弹”和“别人带炸弹”本是两个独立的事件，把它们莫名地关联在一起，实在是荒谬。虽然这是一个笑话，但它映射出的却是一个不合理的逻辑，即赌徒谬误。

赌徒谬误

赌徒谬误，就是错误地认为随机序列中一个事件发生的概率，与之前发生的事件有关，其发生的概率会随着之前没有发生该事件的次数而增加。通俗来讲，就是认为一系列事件的背后，都在某种程度上隐含了相关的关系。

曾有人邀请40位博士参加一个简单的实验：玩100局简单的电脑游戏。在这个游戏中，赢的概率是60%。设计实验的人员给参与者每人1万元，并告诉他们，每次喜欢赌多少就赌多少。那么，这些参与实验的博士，最后有几个人赚到钱了呢？

很遗憾，参加实验的40位博士中，只有2个人在游戏结束时，剩下的钱比原来的1万元要多，也就是5%的比例。实际上，如果他们每次都以固定的100元下注的话，他们完全可以在结束时拥有1.2万元。为什么会出现这样的情况呢？

实验人员总结发现，被试者们倾向于在不利的情况下下更多的赌注，而在有利的情况下下更少的赌注。假定，前三局下赌注他们都输了，且每次下的赌注都是1000元，那么手里的钱就下跌到了7000元。他们会认为："既然已经连续输了三局，且有60%概率可以赢，那这一次就是赢的机会。"结果，他们下了4000元的赌注，却又遭受了一次损失。然后，他们的赌注就只剩下3000元了，那么再想把钱赚回来，几乎就不可能了。

这些参与实验的博士，已是掉进了赌徒谬误的思维陷阱。他们错误地认为，随机序列中一个事件发生的概率与之前发生的事件有关，其发生的概率会随着之前没有发生该事件的次数而增加。现在，我们可以通过抛硬币的方式来对赌徒谬误进行分析：

○ 重复地抛一枚硬币，正面朝上的概率是 50%，即 1/2，这是事实。

○ 犯赌徒谬误的人是怎么思考的呢？他们想当然地认为：

连续 2 次抛出正面的概率是 50%×50% ＝ 25%，即 1/4；

连续 3 次抛出正面的概率是 50%×50%×50% ＝ 12.5%，即 1/8；

以此类推，越往后越难出现连续都是正面的情况，因为连续的次数越多，概率越小。

这个推理看起来是以数据为基础的，严谨可信，但它在论证步骤上却犯了错误。

有一个客观事实是不变的，即抛硬币抛出正反面的概率，永远都是各占50%。抛出正反面的概率，不会因为抛硬币次数的增加而发生任何改变！即便连续抛出了5次正面，也只是巧合，在第6次抛硬币时，抛出正反面的概率依然是各占50%。

赌徒谬误，是个体将前后相互独立的随机事件当成有关联事件而产生的。

抛一次硬币是一个随机事件，再抛一次又是另一个随机事件，第二次的结果并不依赖于第一次的结果，两者之间是没有关联的。这就好比，有一对夫妻接连生了3个女孩，他们总觉得第4个孩子是男孩的概率会增大。实际上，第4个孩子是男或女的概率依旧是各占50%，并不会因为前面3个都是女孩而发生任何改变。

了解赌徒谬误，可以让我们认识到独立事件的独立性，不依照前面事件的状况去推断后面的事件，不痴迷于主观上过度自信的判断，更理性地思考问题，更谨慎地做出决策。痴迷于计算概率，痴迷于主观上过度自信的判断，极有可能会招致失败。

05 简单答案不存在

——骗子是怎样利用“9·11”事件发国难财的？

美国“9·11”事件发生后数小时，有些骗子就开始利用这个机会发国难财！

他们打电话给成千上万的民众，要求他们提供信用卡号与社会安全号码，理由是世贸中心的倒塌让这些数据遭到损坏。这些打电话的骗子，声音听起来非常文雅、专业、可信，且他们说的内容也合情合理。但是，如果接听电话的人能够停下来思考15秒钟，结果就会大相径庭。他们没有思考和追问：为什么有人着急要这些资料？难道金融机构在其他地方没有数据的副本吗？为什么是纽约的人打来电话，而不是地方的银行人员？

在上述的事件中，骗子利用了人们希望立刻采取行动的心理，即便他们提出的理由很愚蠢、很荒谬，甚至人们知道或应该知道那些理由是错误的、不恰当的，但还是选择了相信。骗子宣称，这些方法能够以简单的方式解决复杂的问题，而人们相信了。

在遇到一些必须面对和解决的复杂问题时，多数人宁愿沉溺在无知中，宁可要一个简单而无负担的答案，而不愿意进行正确思考，因为太费脑筋；就算能够正确思考，人们通常也不愿意按照思考得出来的结论采取行动，这实在令人难过和遗憾。

为什么简单答案不存在？

现实从来不以人的主观意志为转移，我们必须面对的重要问题，绝大多数是复杂的，简单的问题几乎是不存在的。不只是简单答案不存在，随着文明的推演，我们必须处理的争议也变得越来越复杂，答案自然也就随之变得复杂，没有简单的解决方案。

正因为简单答案不存在，所以不能随随便便地就接受任何简单答案，尤其是回答复杂问题的简单答案。近年来，投资者们付出了巨大的代价，才得到了这个教训：容易口耳相传并被很多人使用的股市赚钱法，往往会因为过于简单而无法持续。

复杂的问题通常很难简单回答，必须从多个角度进行思考和分析。有些人之所以一再受骗，就是因为相信可能存在简单答案，甚至相信可以找到简单答案。结果，做出了错误决策，或采取了不当的举动。但愿我们可以记住这个重要的原则和教训：简单的答案不存在，切忌不假思索地接受任何简单答案，尤其是那些回答复杂问题的简单答案，以免落入陷阱。

06 强制推理
——开豪车的年轻人，父母一定是富商吗？

某个红绿灯路口，一个年轻漂亮的女孩驾驶着一辆豪车，停靠在斑马线跟前。见此情形，人群中冒出来一些评价声："开这么好的车，父母肯定是经商的""她这么有钱，肯定很霸道""钱肯定不是她赚的"……说这些话的人，都对自己的观点深信不疑。

无论这些评论者多么坚持自己的观点，这种评判都是不符合逻辑的。

比如，"开这么好的车，父母肯定是经商的"，这两者之间没有任何的必然联系，却被说话者强行关联在一起。试问：开豪车的年轻人，父母一定都是商人吗？不一定，豪车是关乎车辆品牌、价格的问题，父母做什么工作是关乎职业的问题，两者之间没有联系，是强行拼凑在一起的，由此得出的结论自然也是谬论。这种推理方式是一种逻辑谬误，叫作强制推理。

强制推理

强制推理，就是把不同的事物错误地勉强联系在一起，从而得出的结论。看似是结论，但其实没有任何意义，完全是伪造理论依据，歪曲事实，实际上就是谬误。

我们在生活中一定要避免用强制推理的思维看问题，比如：看到身边比自己优秀的人，就认为人家有优越的家庭背景；总觉得孩子考上了好大学，将来就一定前程似锦；等等。这些推理都是建立在不合逻辑的连接关系上的，得出的结论不一定是准确的。

理性的做法是，客观地观察和总结事物之间的关系，不掺杂太多的主观看法，独立观察，不把没有逻辑关系的两件事强拉在一起。这样的话，就可以有效规避强制推理的错误了。

07 归纳谬误
——泰坦尼克号的船长史密斯错在哪儿了？

泰坦尼克号的船长史密斯曾说："根据我所有的经验，我没有遇到过任何……值得一提的事故。我在整个海上生涯中只见过一次遇险的船只，从未见过失事船只，从未身处失事的危险中，也从未陷入任何有可能演化为灾难的险境。"

这位大名鼎鼎的船长，根据过往的航海经历归纳海上生涯的安全性高。结果呢？我们都知道后来发生的事——他随着泰坦尼克号沉入了冰冷的大西洋中。

归纳谬误

逻辑学中有一个归纳谬误，即无论归纳了多少事例，归纳的结论始终是充满不确定性的，只要出现了一个反面例子，归纳的结论就会被推翻。

在现实生活中，有些人在收集了一些事例后，发现这些事例可以总结出一个规律，然后就武断地下了结论，并坚信自己的结论是对的，不知不觉地陷入偏执之中。殊不知，许多事情是没有办法根据前面已知规律推论出来的，轻率地归纳，就可能会掉进不知名的陷阱。

有个富翁老头，家里几代人都不识字，为了能让儿子做一个有文化的人，他特意给儿子请了一位先生。先生从最简单的“一、二、三”教起：一横就是“一”，两横就是“二”，三横就是“三”……富翁的儿子一听，觉得读书写字也太简单了，就跟先生说：“您不用教了，我都会了。”富翁见儿子学得那么快，认为他天资聪颖，就把先生给辞退了。

数日后，富翁想邀请一位姓万的朋友来家里做客，就让儿子写一封请帖。可是，等了许久，也不见儿子从书房出来。富翁去催促儿子，却听到儿子抱怨说：“他姓什么不好，偏偏姓万，我从早上写到现在，也才写了五百横！”

人们之所以会犯轻率归纳的错误，往往是因为过分地相信经验。

经验不一定都是可靠的，如果总是把经验作为论据，当成解释事物的出发点，或是分析事物的基础，就可能作出错误的判断。由观察个体得出普遍适用的结论，是一个危险的倾向，因为一次例外就可以彻底否定一条经过上千次证明的理论。

对于这种归纳错误的现象，数学家华罗庚提示我们——

当你从一个袋子里摸出来的第一个玻璃球是红色的，第二个，甚至第三个、第四个玻璃球都是红色的时候，你会立刻出现一种猜想：袋子里的玻璃球都是红色的！

当你摸出一个白色的玻璃球时，你的这一猜想就会被推翻，转而被另一种猜想替代：是不是袋子里都是玻璃球？当你再从袋子里摸出一个木球时，你的这一归纳猜想又会被推翻，转而产生一种全新的猜想：是不是袋子里装的都是球？

最后的这个猜想到底对不对呢？还是要进行检验！

只有把袋子里的东西全部摸出来时，才能够得出结论！

归纳推理能够帮助我们处理不少问题，但客观世界是很复杂的，我们的认知层次受限，过去的规律和经验不一定能够帮助我们解决当下的困境。我们必须记住，所有确信都只是暂时的，一旦对某些事物产生路径依赖，或是“想当然”，就可能要面临失误。

08 零风险偏误

——现实生活中有绝对的零风险吗？

俄罗斯轮盘是一个伴随着极大风险的游戏，游戏需要的道具是一把6发式左轮手枪和1颗子弹。玩法很简单，把1发子弹装入左轮手枪，扣上转轮，关闭闭锁。然后，用手拨转轮使其快速旋转，直至停在某一随机位置。游戏双方轮流拿起枪，对准自己的太阳穴扣动扳机，直至有人死亡或认尿，其间不得再拨动或者推出轮转弹仓。

假设你必须玩这个游戏，且轮到你扣动扳机了。现在，请你回答两个问题：

1.假如你知道枪膛里有4颗子弹，你愿意付多少钱，将其中的2颗子弹从枪膛里取走？

2.假如你知道枪膛里只有1颗子弹，你愿意付多少钱，把这颗子弹从枪膛里取走？

对大多数人而言，显然在第二种情况下愿意支付的钱更多，因为取走那颗子弹，就能把死亡的风险降为零。然而，单纯地看死亡概率降低的幅度是没有意义的。

在第一种情况下，你将死亡概率降低了1/3；而在第二种情况下，你仅将死亡概率降低了1/6。所以，第一种情况应该是更有利的，只是有某种东西驱使着我们过高地评价零风险。

零风险偏误

人类是很难区分各种风险的，除非风险为零。对零风险的

信任，使得人们常常愿意投资过多的钱去彻底消除微小的剩余风险。事实上，人们本来可以更好地投资这笔钱，更显著地降低另一种风险。这种思维错误，被称为零风险偏误。

美国1958年颁发的食品法规定，禁止食品中含有致癌物质。这一全盘禁止（零风险）听起来很好，但实际上却导致了不致癌却更危险的添加剂的使用。

医药化学运动的始祖帕拉塞尔苏斯早在16世纪就告诉我们，有毒只是一个剂量的问题。美国的这一条食品法后来没有成功实施，因为我们无法去除食品中所有的“违禁”分子。倘若得以实施，那么这种食品的价格会上涨数百倍。

追求绝对的零风险是愚蠢的，这在大多数时候是不切实际的。开车的时候，只有把速度限制到每小时0公里时，才能达到零风险；把钱存银行，也不是绝对安全的选择，因为银行也有破产的可能！不仅如此，“零风险”还常常成为政客或商家的欺骗口号，让人们为此支付过高的代价，或因此做出错误的决定。所以，理性一点，告别对零风险的渴望吧！

09 联想机制

——抽纤细的香烟，能让身材变纤细吗？

如果你看过维珍妮细烟的广告，你一定会对它印象深刻。

我们先来认识一下“维珍妮”，它不仅是香烟品牌的名字，也是女性的人名。这个名字经常和年轻漂亮的美女一同在画面中出现，让人很自然地产生了“画面中的女子叫维珍妮”的联想，而这恰恰是广告商所希望的。

接着再看“细”这个字，它准确地描述了这种香烟的外形要比其他品牌的香烟细，但同时它也会让人想到纤细，如纤细的腰围、纤细的身材。

这样的设计，无疑让人们产生了固定联想，而这也是广告商希望人们产生的联想：维珍妮香烟似乎能够让广告中的女子变得纤细，因为广告中的那名女子比现实中的多数女子都要瘦。推而广之，抽维珍妮细烟可以让女性身材变得纤细。

联想是大脑学习事物的基本原则，一旦两个对象在意识中牢牢地联结在一起，那么我们看到其中一个就会想起另一个。

就像维珍妮细烟的广告商，他们无疑是希望借由固定联想，让人看到维珍妮细烟时即刻就联想到年轻、性感、纤细、端庄，这就是他们的目的。

人们通常不喜欢带来坏消息的人，这种现象被称为“斩来使综合征”，原因就是信使和坏消息被联系在了一起。首席执行官和投资者们也存在这种无意识的倾向，总想避开他们误以为的会送来坏消息的人。结果导致只有好消息能抵达上层。巴菲特深谙这一点，所以他指示公司的首席执行官们——不要告诉我好消息，只告诉我坏消息，且要直截了当！

联想机制的利弊

从某种意义上说，我们需要感谢联想机制，它让人类心智产生了伟大的成就，创造了文学、艺术和音乐，也促进了科学进步。但从另一个角度来说，我们也要警惕联想机制，它可能会被别有用心的人利用，将我们引入“误区”，影响我们做决定的质量。

10 群体思维

——为什么一群聪明人会作出蠢决策？

在通用汽车公司的一次重要会议上，斯隆听取了大家的发言后，总结道：“在我看来，我们大家都有了完全一致的看法。”出席会议者频频点头表示同意。

然而，斯隆话锋一转，又说道：“现在我宣布——休会！这个问题延期到我们听到不同意见时再开会决策！”

按照常理来说，召开会议不就是为了就某一问题达成一致的意见吗？怎么还要延期到“听到不同意见”时呢？

斯隆选择延期到“听到不同意见”时再做决策，是为了避免群体思维的陷阱。

群体思维

在群体决策中，人们往往为了维护群体和睦而压制异议，社会心理学家贾尼斯将这种现象称为“群体思维”。在群体思维的支配下，会议中很容易产生错误决策。

群体思维，最早出现在欧文·贾尼斯写的一本书中。他对大量错误的群体决策进行分析后，得出了一个结论：一个群体的内聚力越强，就越容易导致群体思维的错误。

1960 年 3 月，美国情报机构开始组织反共的古巴流亡者，想利用他们对付卡斯特罗政权。1961 年 1 月，肯尼迪总统就职，两天后他从情报部门获悉占领古巴的秘密计划。1961 年 4 月初，白宫做出重要决定，肯尼迪及其所有顾问都同意了这个入侵计划。

1961 年 4 月 17 日，在美国海军、空军和中央情报局的帮助下，由 1400 名流亡的古巴人组成的一个旅在古巴西南海岸猪湾登陆，他们的目标是推翻卡斯特罗政府！

没想到，事情的进展和计划完全不一样！

第一天，没有一艘补给船抵达海岸，因为前两艘船被古巴空军击沉了，后两艘船掉头逃亡了。第二天，这个旅就被卡斯特罗的军队完全包围。第三天，1200 名幸存的士兵全部被俘，被关进了战俘营。

对美国来说，这次未成功的进攻，不仅是一次军事任务的失败，也是一次政治决策的失误。更令人惊讶的是，这样一个荒谬的计划竟然会得到执行，因为支持这次进攻的全部假设都是错误的。面对猪湾惨败，肯尼迪总统愤怒地问道："我们怎么会这么蠢？"他得到的答案是："团体中的成员太蠢。"事实是不是这样呢？

我们来看看入侵猪湾的计划者都有谁？麦克纳马拉，道格拉斯·狄龙，罗伯特·肯尼迪，麦克乔治·邦迪，阿瑟·施莱辛格，迪恩鲁斯克，艾伦·杜勒斯…… 试问：其中哪一个是蠢人？

然而，就是这样一群聪明人，制订出了那个荒谬而愚蠢的决策。

借由猪湾事件，我们要记住以下几点启示。

启示1：聪明人也可能会作出愚蠢的决定。

猪湾事件的计划者们知道自己很聪明，自认为不可能失败。事实上，聪明人也可能作出愚蠢的决定。真正重要的不是你有多聪明或有多愚蠢，而是你有多正确，你对事物的推理有多透彻。要控制局势，靠的不是意见、智商、名声和过去的经验，而是有证据支持的推理。支持结论的证据越多，结论就越可能是正确的。

启示2：有不同意见者，会碍于群体压力而放弃己见。

很多时候，群体的个别成员不想提出反对意见，一方面是担心自己的说法遭到嘲弄，另一方面是不想浪费团体的时间。施莱辛格曾在备忘录中表示——“入侵古巴是不道德的”，但在团队会议时却没有表态，因为有人告诉他：“总统已下定决心，多说无益。”

启示3：压力下所作的思考，不如放松状态下的思考周全。

肯尼迪在行动失败后试图解释这个错误：“中情局只给了我们两个选择，入侵或什么都不做。”这个说法是真是假不得而知，但能够肯定的是，总统可以改变自己的决策，真正的主导者是他，并不是中情局。

群体领袖肯尼迪，早就表明自己支持入侵行动。这让其他成员产生了一种错觉，觉得政策已经决定了，反对总统可能会给自己带来政治风险。这项决策很重要，也很复杂，总统又在压缩成员讨论的空间，让他们面对极大的压力与束缚。人在压力下所作的思考，通常不如在放松状态下的思考周全。

社会影响力对人的实践、判断和信念有很大的影响。与群体一致是普遍的做法，可当为了顺从群体而违背现实原则，远离真理走向错误，并纯粹以群体的想法作为判断基础时，就会犯群体思维的错误。所以，我们必须意识到：共识有可能是危险的，群体思维很容易让人脱离现实，得出错误的观点，甚至导致灾难。

11 批判性思考

——你会把自我判断的权利交付给他人吗？

长颈鹿："小兔子，你知道拥有一个长脖子有多好吗？"

小兔子："不知道，你说说看。"

长颈鹿："无论什么好吃的东西，吃的时候都会慢慢地通过我的长脖子，可以长时间地享受美味，真是太幸福了呢！"

小兔子面无表情，看着长颈鹿在河边自恋地照镜子。

长颈鹿："哦，还有，炎炎夏日，那冰凉的水流过我的长脖子，简直太舒爽了。小兔子，你能够想象到那种感觉吗？真是太遗憾了，你这辈子都无法体验。"

小兔子慢悠悠地说："你吐过吗？"

想象一下：沉浸在自恋中的长颈鹿，听到小兔子最后的那句发问时，会有什么反应？

再想象一下：如果有人像长颈鹿一样，滔滔不绝地向你灌输某一种观点，宣扬某一件事物是多么地好（或不好），你是会选择全盘接受，还是会向小兔子一样抛出质疑的问号？

在这个信息爆炸的时代，我们每天都会接收到大量的信息，每一条信息都包裹着一层看起来真实可信的外衣。在面对这些眼花缭乱的信息时，想要保持清醒、做出理性的判断，有一项能力不可或缺，那就是批判性思考的能力！

批判性思考

所谓批判性思考，就是谨慎地运用推理，去断定某一信息是否为真的能力。在中文语境中，“批判”一词带有批评、判断对错的意思，但这里更多地是指保持思考的自主性与逻辑的严密性，不被动地全盘接受他人观点，而不是刻意地带着偏见去驳斥某一个观点。

看看下面的这两个问题以及新闻报道，你有什么想法？

问题1：我们该不该避免阳光直射？

○ 美国疾控中心指出，太阳紫外线的照射可能是诱发皮肤癌的一个重要因素。

○ 世界卫生组织说，在世界范围内，紫外线的照射只是诱发疾病的一个微不足道的原因；且在世界范围内，少晒太阳的人比经常晒太阳的人患病概率更大。

问题2：饲养宠物是否能让人活得更健康？

○ 美国心脏协会说，多项研究显示，养宠物有助于主人的健康。

○ 芬兰的一项可靠的研究显示，养宠物与健康状况之间有直接的联系。

你会完全相信上面的这些说法吗？还是会对其进行一番谨慎的思考和分析？

海绵式思维

海绵式思维，是一种像吸水的海绵一样被动地、无差别地吸收来自外部的信息的思维方式。这种方式可以让人在较短时间内吸收大量的信息，无须经过烦琐的思考过程，但它也有一个致命的缺陷，就是无法对繁杂的信息作出评判和取舍。

当一个人习惯性地依赖海绵式思维时，就会对自己新获得的所有信息深信不疑，而且整个过程都是无意识的。试问：你愿意将自我判断的权利交付给其他人吗？

如果不愿意的话，就要带着“问号”去处理信息。当他人不断地向你兜售某种观点时，你要随时准备与之辩驳，哪怕作者不在现场。你要积极地参与其中，主动选择该吸收什么、该忽略什么，该相信什么、该质疑什么，不断地提问并思考问题的答案。这种思考方式就是与海绵式思维相对的淘金式思维。

淘金式思维

淘金式思维，是一种主动在获取知识与信息的过程中与其产生互动，并像淘金者一样在谨慎思考与分析后过滤掉“泥沙”，留下有价值的“金子”的思维方式。

海绵式思维强调知识获取的结果，而淘金式思维重视在获取知识的过程中积极地与之展开互动，两种思维方式是可以互补的。在批判性思维者身上，这两种思维方式常常是并存的。“淘金”建立在有一定程度的信息量和知识储备的前提下，而海绵式思维则是收集大量信息和知识的重要方式，也是思考问题、辨识好坏的基础。

当我们被动地接受一个观点时，很容易被持论者的思路影响，丧失独立思考和判断的能力。想要成为更理智的思考者，最好的方法就是——不断对内容提出批判性的问题。

○ 为什么作者会下这样的定论？

○ 有什么证据支撑吗？

○ 证据来源是什么？

○ 证据本身是可靠的吗？

○ 那些“想当然”的假设是真的吗？

12 沉锚效应
——店铺老板是怎样误会乞丐的？

商店老板每天早晨开门时，都会看到门前睡着一个脏兮兮的乞丐。这乞丐简直是老板的眼中钉，既挡着店铺的大门，周身还散发着臭气。所以，老板每天开店的第一件事，就是拿水、扫帚、鸡毛掸子把乞丐赶走。直到有一天，老板打开门时，没看到乞丐的身影。又过了几天，他还是没回来。店铺老板觉得很好奇，就去翻看监控。

看完监控之后，老板潸然泪下，你知道这是为什么吗？

店铺老板发现，乞丐每天晚上睡在自家店铺门口时，会赶走许多不怀好意的人。难闻的气味并不是乞丐身上散发出来的，而是路人在卷帘门上撒尿导致的，每次乞丐都会赶他们走开。在乞丐失踪的前一天晚上，店铺遭遇了小偷，乞丐和小偷打起来，在搏斗中被刀刺中了。

为什么店铺老板最初会把乞丐视为眼中钉？因为“先入为主”的思考方式削弱了他对事情判断的客观程度，也削弱了他独立思考的能力。通常情况下，如果我们事前得到了一些信息，这些信息就会在无意识的状态下，影响我们对他人的判断和决定。

沉锚效应

人们做决策前，思维往往会被所得到的第一信息所左右，第一信息就会像沉入海底的锚一样，把人的思维固定在某处，从而使人产生先入为主的歪曲认识。

为什么要称为“沉锚”呢？原因就是，这个锚点通常埋藏于意识的深处，多数人甚至意识不到已经被埋入了锚点，并不知道自己已经不知不觉地被某些先入为主的信息所误导，还以为这是通过自己的独立思考所做出的决策。

独立思考

独立思考，是指在寻找和发现问题、探究和解决问题，以

及接受或拒绝一种思维观念时，充分发挥理性的自主思考。简言之，就是个体在面对问题时能够在尊重常识的基础上，对理由和推论进行理性思考，之后再得出观点。

没有独立思考的能力，就很容易受到外部环境的影响，难以对一件事形成系统、深刻的认识，更难以表达出自己的独到见解。特别是在这个信息过剩的时代，我们随时都可以获取大量的信息，缺少独立思考的能力，就会被大量的信息包围和困扰，很容易人云亦云、随波逐流，或是被操控、被忽悠、被欺骗、被“割韭菜”。

那么，怎样才能培养和提升独立思考的能力呢？

1.深入理解问题，为意见找到根据

对于很多事情，如果我们理解得不够深入，就很容易停留在表面，而不去探究事情的真实性，不经思考就得出结论或意见。人云亦云、网络舆论，多半是这种情况。

判断自己对一件事情是否真正理解，有两个检验方法：

方法1——能够用浅显的话来解释清楚。

方法2——用5W1H来反驳，即谁、什么时候、做什么、在哪里、为什么、怎么做。这些问题可以根据场景来改变提问内容。

2.分清事实和观点，不要混为一谈

事实是可以被证明的陈述，无论我们对一件事持有什么样的看法，它该是什么样就是什么样；观点是我们对某件事物的看法或感觉，不一定都是符合实际情况的。

当别人传递给我们一个信息时，我们必须弄清楚：他所说的到底是事实，还是观点？

假如身边的朋友告诉你“现在UI设计方面的人才需求量挺大的，转行做这个肯定赚钱”，在这里，“UI设计方面的人才需求量挺大的”是一个客观事实，可“转行做这个肯定赚钱”却是对方的观点。毕竟，从事UI设计的工作者，薪资高低受多方面因素影响，不是所有做这一行的人都能拿到高薪。更何况，朋友说的是“赚钱”，这个词语太宽泛了，没有一个固定的标准，很难衡量。分清楚了何谓事实，何谓观点，就不会轻易被他人的言论左右了。

3.养成提问的习惯，反思论述过程

很多不负责任的、武断式的结论，是在表述自己的观点，而非陈述事实。所以，我们要养成提问的习惯，去反思论述的过程，看是否存在逻辑漏洞。

有人说：“某某做慈善，就是为了逃税。”这句话乍一听好像没什么问题，可仔细回味，却会发现有些地方不对劲。说这句话的人，看似是在陈述“事实”，但这个事实是有漏洞的——谁说“做慈善都是为了逃税”的呢？这个大前提是说话者预设的，而其本身是不成立的，因此得出的结论也是不成立的。

独立思考是批判性思维的最低要求，充分发挥自主性进行思考，不是为了证明自己，而是为了不轻信、不盲从，保持足够的理性。无论遇到什么样的问题，都不要被先入为主的概念迷惑，要从正反两方面去思考，不轻易肯定，也不轻易否定。

CHAPTER 2

什么叫合乎逻辑？

合乎逻辑就是合乎真相

01 同一律

——人是猴子变成的吗？

19世纪中期，许多科学家的思想还停留在“神创论”的层面上，认为万物自神创世的时候就已经存在了。到了1859年，达尔文在《物种起源》中提出“物竞天择，适者生存”的观点，认为人正是因为自然选择而不断进化，最后才逐渐成为现在的“人”。

显然，“进化论”与“神创论”的观点大相径庭，各方支持者为此争论不休。1860年，支持达尔文“进化论”的英国动物学家托马斯·亨利·赫胥黎与支持“神创论”的牛津主教塞缪尔·威尔伯福斯，在牛津大不列颠学会上进行了激烈的辩论。

辩论现场，威尔伯福斯进行了长篇演说，他的演说暴露了他对达尔文学说的无知。最后，大主教干脆撇开科学的论据，施展浅薄无聊的人身攻击：“坐在我旁边的赫胥黎教授，你说你是从猴子变成人类的，那你的祖父祖母从哪儿来的呢？”

威尔伯福斯的言论，就违反了逻辑学中的同一律。

同一律

在同一思维过程中，必须在同一意义上使用概念和判断，不能在不同意义上使用概念和判断，即事物只能是其本身。违反这个要求就犯了逻辑谬误。另外，在同一思维过程中，必须保持论题自身的同一，即就论题本身进行讨论，不能偏题、跑题、离题。违反这个要求也会犯逻辑错误。

根据逻辑学的基本原理，概念是认知的基础，任何命题所表述的概念，其“内涵”和“外延”都必须是确定的，也就是要符合“同一律”。在讨论中随意更换、扩张或缩小概念内涵和外延的范围，都极有可能会导致鸡同鸭讲的局面，而威尔伯福斯就犯了这一谬误。

就上述的辩论来说：人是人，猴子是猴子，人是由古猿人进化来的，不是由另一个物种猴子变化而来的；“进化”属于“变化”的一种，但不代表“进化”等于“变化”；“进化”的概念外延包含于“变化”之中，所以“进化”是“变化”的种概念。威尔伯福斯在辩论中，把“进化”和“变化”混为一谈，故而推断出了“人是猴子变成的”这一荒谬的结论。

对于比较接近的事物和现象的概念，我们在其内涵和外延上存在辨别障碍，很容易被迷惑。想避免概念混淆，就要准确把握所使用的概念的内涵与外延，注意对同音异义词和近义词的区分和辨别。只有严格区分易混淆的概念，并结合真实的情境和语境思考，才能避免被忽悠。

02 矛盾律

——如果我说我正在说谎，那我说的话是真还是假？

古希腊诗人埃庇米尼得斯说：“所有的克里特岛人都说谎。”可是，说这句话的埃庇米尼得斯本人就是一个克里特岛人！那么，他说的这句话，到底是真是假呢？

如果他说的是真话，那么作为克里特岛人之一，他也说谎，因此他说的这句话就是谎话。如果他说的是谎话，那么有的克里特岛人说谎，有的克里特岛人不说谎，他也可能是这些不说谎的克里特岛人之一，因此他说的可能是真话。所以，无论怎么推理，都是自相矛盾的，这也被称为“说谎者悖论”。

矛盾律

同一思维过程中，对同一对象不能同时做出两个矛盾的判断，不能既肯定它又否定它，即任一事物不能同时既具有某属性又不具有某种属性。用逻辑学的专业术语来说，两个互相否定的观点，不可能都为真，其中必有一个为假。违反

了矛盾律，就会犯逻辑谬误。

在现实生活中，都有哪些违反矛盾律的情况呢？

1.自相矛盾

两个相互否定的观点，不可能都对，其中必有一个是假的。

例："什么都能扎透的矛"与"什么也扎不透的盾"无法同时存在于世上，这就是典型的自相矛盾。如果有谁用两个相互矛盾或反对的概念去表示同一对象，那就违反了矛盾律。

2.含混不清

郑国有个富人过河淹死了，有人把尸体打捞上来并妥善保管。死者家属得知后前来赎尸，捞尸人得知是富贵人家，索价甚高。死者家属向邓析求助，邓析说："不用急，也不给高价，他留着尸体也没用。"死者家属不急了，捞尸人急了，再放几天尸体就腐烂了，无奈也去求教邓析。邓析说："不用急，也不必降价，反正别的尸体也无法替代。"

这里的"不用急"和"急"是相互反对的，邓析含糊其辞，违反了矛盾律，陷入了"以非为是，以是为非，是非无度"的相对主义诡辩论。

3.前后不一

古时候有个卖宝剑的人，特别能吹嘘："白锡可使宝剑坚硬，黄铜可使宝剑柔韧，我这宝剑黄白相掺，既坚硬又柔韧！"

有人反驳说："柔韧容易卷曲，坚硬容易折断。"

卖宝剑的人瞬间改口，说："白锡可使宝剑不柔韧，黄铜可使宝剑不坚硬，我这宝剑黄白相掺，既不坚硬也不柔韧，既不容易卷曲也不容易折断。”

对同一事物的判断前后不一，这纯属是“自己打自己的脸”。

总之，在同一思维过程中，如果互相矛盾或互相反对的思想同时为真，或者说在同一时间和同一关系的前提下，对同一对象做相互矛盾或相互反对的判断，都属于违反矛盾律。

03 排中律
——鲍西亚的肖像藏在哪个匣子里？

生活在贝尔蒙特城的鲍西亚，是一个年轻漂亮的姑娘，她家境殷实，才华横溢，有不少人慕名来求婚。不过，鲍西亚的父亲在临终前立下过一个遗嘱，要求“猜匣为婚”，不然的话，她就无法得到遗产的继承权。

父亲准备了一个金匣子、一个银匣子，还有一个铅匣子，其中只有一个匣子里装着鲍西亚的照片。金匣子上面刻着“肖像不在此匣中”，银匣子上刻着“肖像在金匣子中”，铅匣子上刻着“肖像不在此匣中”。同时，这三句话只有一句话为真。

鲍西亚的父亲留下遗言，如果有人根据上述的三句话，准确猜中了哪个匣子里装着鲍西亚的肖像，那他就可以迎娶鲍西亚。除此之外，求婚者在猜之前，还要答应两个条件：第一，必须宣誓，如果没有猜中，绝不告诉其他人，自己猜的是哪一个匣子；第二，必须宣誓，如果猜不中，将永远不娶妻。

很多人看到这样的条件，担心自己猜不准，而将付出巨大代价，就退缩了。只有一些真心喜欢鲍西亚的小伙子，选择了留下来。很可惜，这些人没有一个人猜对。最后，有一位威尼斯的青年来到这里，他深深地喜欢上了鲍西亚。这个聪明又自信的年轻人，思考了一番之后，对鲍西亚说："肖像在铅匣子里。"鲍西亚非常惊讶，打开了铅匣子，肖像果然在里面。

鲍西亚被青年的智慧折服了，两人决定结婚。她好奇地问青年："你是怎么猜到的？"

青年笑着说："我是推理出来的。金匣子和银匣子上的话相互矛盾，那么必然有一句是真的，而三句话中有一句为真，那么真话就在这两个匣子上，而铅匣子上的话肯定就是假的。铅匣子上说'肖像不在此匣中'，就说明肖像一定在此匣子中。"

其实，青年所用的推理方式，就是逻辑思维中的"排中律"。

排中律

排中律既是事物的规律，也是思维的规律，通常被表述为：

A 是 B 或 A 不是 B。

任何一种事物在同一时间里，一定会具有某一属性，或者不具有某种属性，必须满足二者之一，绝不会有其他可能。一个判断或反映事物的本质，或者不反映事物的这种本质，二者必有其一，没有其他可能。对于相互矛盾的两个命题，对它们的判断也要作出排他的选择，要么为真，要么为假，不允许同时肯定或同时否定。

现在，我们就来看看，在“鲍西亚的肖像藏在哪个匣子中”这一命题中，年轻人是如何用排中律来推理的。

假设肖像藏在金匣子里，那么金匣子上的话，肯定就是假的，银匣子上的话就是真的。如果是这样的话，那么铅匣子上的话也是真的。然而，鲍西亚的父亲已经告知，“这三句话中只有一句为真”，这就跟推论结果相矛盾。

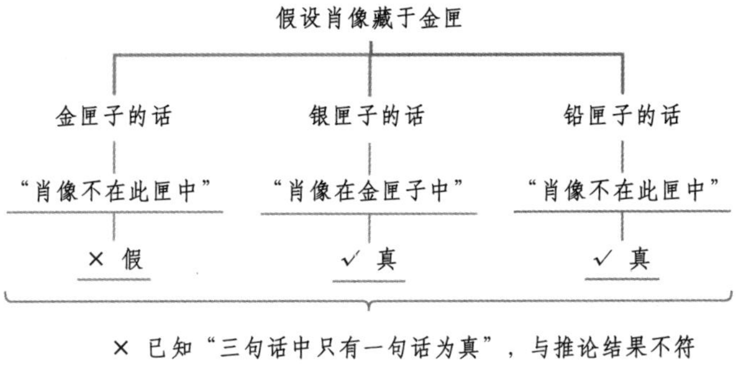

假设肖像在银匣子中，银匣子上的话，肯定就是假的。那么，金匣子和铅匣子上的话就是真的，这也跟已知条件相矛盾。

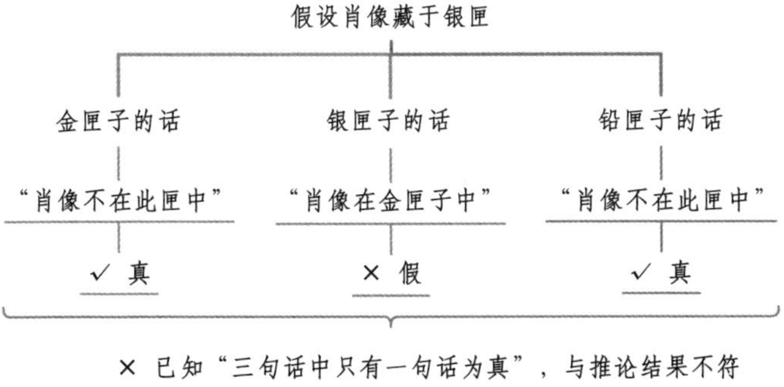

假设肖像在铅匣子中，那么金匣子上的话就是真的，银匣子和铅匣子上的话就是假的，这与已知条件相符。所以，肖像一定就藏在铅匣子中。

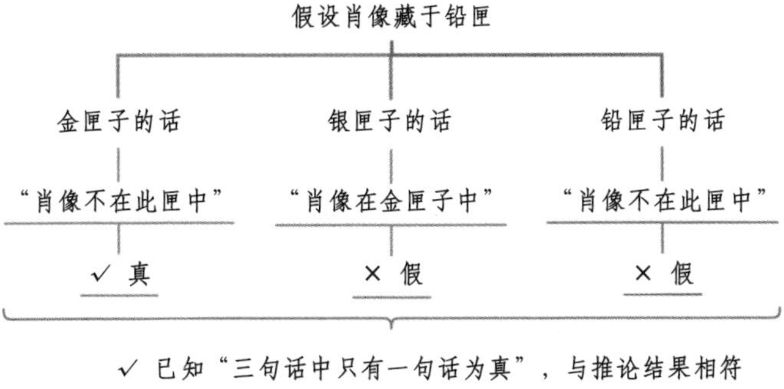

04 充足理由律
——和丑妻生五个孩子就是好色之徒吗？

楚国大夫登徒子在楚王面前揭露宋玉的劣行，说他长得一表人才，能言善辩、口若悬河，但是本性好色，希望楚王日后不要让他出入后宫。楚王听了登徒子的话后，就去质问宋玉。

宋玉这个人反应敏捷，逻辑缜密，还很擅长诡辩。

被楚王质问时，他临场说起，自己老家有一位绝世美女，偷偷摸摸地爬墙偷窥自己三年，自己也从未动心，这能叫好色吗？接着，他又开始加大火力攻击登徒子。

宋玉提到，登徒子的妻子蓬头垢面、耳朵挛缩、嘴唇外翻、牙齿不齐、弯腰驼背，且走路一瘸一拐，还长有疥疮。就是这样一个丑陋不堪的女子，登徒子竟然跟她一起生了五个孩子！试问：谁更好色呢？

宋玉提到，登徒子的妻子相貌丑陋，这是不争的事实。但是，喜欢容貌丑陋的妻子，可以证明登徒子是好色之徒吗？很显然，宋玉给出的理由和结论之间，没有必然的联系，不符合逻辑学中的充足理由律。

充足理由律

充足理由律要求，对任何一个真实的论断都必须进行必要的论证，提出充分的根据来支持它。如果提不出充足的理由来论证它，那它就是没有根据的、没有论证性的。缺乏论证性的论断，是没有说服力的。

17世纪末18世纪初，德国哲学家莱布尼茨在《单子论》中，提出了这样一个观点："我们的推理，是建立在两大原则之上的，即矛盾原则和充足理由原则。凭着这两个原则，我们认为任何一件事，如果是真实或实在的，提出任何一个问题或命题是真的，就必须有一个充足的理由来证明为什么是这样而不是那样。"

在逻辑思维的过程中，无论是提出问题还是面对争议，都要找到充足的理由来证明其真实不虚。结论是否正确，关键就在于理由是否扎实，有充足的理由才能说服他人。

可能你会问：为什么是"充足的理由"，而不是简单的"理由"呢？

这是因为，在同一个判断下，可以提出无限多的理由。可是，即便那个判断是真的，也只有一些理由被认为是充足的；如果那个判断是假的，则任何一条理由也不是充足的！

有些诡辩者试图证明假的论题时，会提出一些有利于自己论题的理由。然而，无论这些理由多么花哨，也不是充足理由，一定要注意诡辩者的别有用心。

05 偷换概念

——粉丝汪伦是怎么忽悠偶像李白的？

提起《赠汪伦》，大家都耳熟能详："李白乘舟将欲行，忽闻岸上踏歌声。桃花潭水深千尺，不及汪伦送我情。”令很多人好奇的是，这个汪伦到底是什么人呢？

唐天宝年间，大诗人李白来到南陵，旅居在他的叔父李阳冰家中。住在泾县的汪伦，是李白的忠实粉丝，听闻这个消息后十分激动，就想给李白修书一封，邀请偶像到家中做客。可是，两人之前素未谋面，这封信要怎么写才能让李白乐于赴约呢？

思考一番后，汪伦心生一计，下笔写道：“先生喜欢游览美景吗？这里有十里桃花。先生喜欢饮酒吗？这里有万家酒店。”

李白平生最喜欢旅游与饮酒了，看到汪伦在信中描述的美好画卷，不禁陷入了憧憬中，很快就启程赴约了。然而，赶到了泾县之后，他并没有看见信中描绘的十里桃花与万家酒店。这时，汪伦拿出了自己珍藏许久的用桃花潭水酿成的美酒，笑着向李白解释说：“桃花者，十里外潭水名也，并无十里桃花；万家者，开酒店的主人姓万，并非有万家酒店。”

潇洒豁达的李白，听后并没有恼羞成怒，反倒被汪伦的盛情款待感动了。之后，他在汪伦家连住数日，两人饮酒对诗不亦乐乎。可惜，天下没有不散的筵席，李白临走那天，汪伦在桃花潭的码头为其设宴送行，李白感动之际赋诗一首，即为名作《赠汪伦》。

讲述完李白与汪伦的相识故事，我们就要研究一下这里面的“逻辑学”了。概念是逻辑学中最基本的元素，认识逻辑要从认识概念开始，只有明确概念才能进行正确的判断与思考。

汪伦深谙这一点，他知道李白喜欢旅游和饮酒，故意在信中用“十里桃花”和“万家酒店”作为诱惑，让李白误以为这里有“方圆十里的桃花林”和“上万家的酒馆”。也就是说，在同一封信中，虽然汪伦和李白看到的词语都是“十里桃花”和“万家酒店”，但这两个词语在概念上却是有歧义的。

偷换概念

再举一个生活中的例子，历史老师问学生：“你是怎样认

识孙中山的？”学生回答道：“老师，我不认识孙中山。”这一回答，惹得全班同学哄堂大笑。

老师说的“认识”，是指对孙中山这个历史人物的评价和理解；回答问题的同学所说的“认识”，是指日常生活中的交往。如果学生是因为没听明白问题才这样，那么他是犯了“偷换概念”的逻辑错误；如果他是因为功课没学好才这样说，那就是赤裸裸的诡辩了。

偷换概念

是指同一思维过程中，在中途改变一个概念的内涵或外延，把一些看起来一样的概念进行偷换，把一个事物的原意用狡辩的手法换成另外一种看起来也可以成立的解释，把假的变成真的，以此来转移他人的注意力，以达到某种目的。

06 混淆概念
——为什么“买一送一”的广告不可轻信？

逛商场超市的时候，你一定看到过“买一送一”的醒目字样，它们往往被摆放在某些促销物品的正上方。远远地看去，你真的以为就是那件物品买一件送一件，便径直奔着这个超值优惠走了过去。可是，近距离一看，或询问导购后，你高涨的心情却跌了一半：人家说的买一送一，和你想得完全不一样！

· 买一条裤子，原来只是送一双袜子

· 买一桶花生油，原来只送一个漏斗

· 买两支牙膏，原来只送一个刷牙杯

· ……

为什么商家打出的“买一送一”广告不可全信呢？答案就是，有些“买一送一”是商家为了吸引消费者的眼球故意打出的旗号，而这一词语中实则包含着混淆概念的问题。

混淆概念

所谓混淆概念，就是指在同一逻辑思维过程中，把不同的概念当成同一概念来使用，或将一些表面相似的不同概念当成同一概念来使用而犯的逻辑错误。

《韩非子》中有一则关于“卜子之妻”的故事：

郑县人卜子让妻子给他做裤子，妻子问他：“现在你要做的裤子是什么样的？”

卜子说：“像我原来的裤子那样。”

结果，妻子毁了新裤子，把它改成了旧裤子。

这个令人啼笑皆非的故事，再次向我们展示了混淆概念的逻辑谬误。

07 模糊概念

——为什么伯乐的儿子把蛤蟆当千里马？

韩愈在《韩昌黎集·杂说》写道："世有伯乐，然后有千里马。"

伯乐是什么人呢？他是春秋时代有名的相马之人，本名叫孙阳。

据说，伯乐有了儿子之后，很想把自己相马的本领传承下去，为此每天潜心教导儿子。很快，儿子长大了，伯乐认为儿子可以出师了，就让他去寻找千里马。

临行前，儿子问了伯乐一句："到底什么是千里马呢？"

伯乐笑答："脊骨弯曲，额头隆起，眼睛突出，善叫会跳。"

儿子牢记这16个字，背着行囊出发了。

一年过去了，伯乐的儿子访问了许多名胜古迹，却始终没有寻到父亲说的千里马。

一个夏日的夜晚，由于走得太累了，又没有地方能住宿，伯乐的儿子就在临近的池塘边休息。荷塘边传出了蛤蟆的叫声，伯乐的儿子定睛一看，喜出望外："这简直就是——踏破铁鞋无觅处，得来全不费工夫！"接着，他就欣喜地捧起了一只蛤蟆，开始了回乡之路。

回到家后，儿子忍不住把蛤蟆拿到伯乐面前："父亲，您请看，这就是我找到的千里马，它完全符合您说的——脊骨弯曲，额头隆起，眼睛突出，善叫会跳。"

伯乐见此情景，哭笑不得。

为什么伯乐的儿子会把蛤蟆当成千里马？错不在他，而在于伯乐。伯乐向儿子描述"千里马"的时候，没有准确地描述"千里马"的范围，只是单纯地强调了"千里马"的外形和特点。儿子在没有充分了解概念的情况下，犯了模糊概念的错误。

模糊概念

在思维过程中，人们所提及的概念都应当有准确的范围和含义，概念之间也要有确切的关系。所谓模糊概念，就是指对象性质、范围和相互关系不确定、不明朗的现象。

提到一个人的"身高""体重""收入"时，这些概念都有明确的范围。可是，如果用这样的话语来描述，如"这个人挺高的""这个人挺重的""这个人收入中等水平"，就是模糊的表述。听者最后依然不知道，这个人究竟有多高、有多重，收入是高还是低。特别是最后一个问题，不同国家、地域的经济情况都不一样，更是难以估算。

模糊概念提示我们，在听他人讲话时，一定要仔细辨别那些有相对含义的概念，并根据这些概念进一步提问，以避免出错。另外，光听得懂还不够，还得学会清晰地表达。当我们想要表达一个观点、描述一件事物时，应力求秉持“简单原则”，摒弃抽象的描述，简化语言的枝叶，把要表达的事实言简意赅地说出来。这样的话，听者就不至于一头雾水了。

08 断章取义

——天才是1%的灵感加上99%的汗水吗?

一名学生在作文中引用了爱迪生的话作为论据，他写道：“伟大的发明家爱迪生说过，天才是1%的灵感加上99%的汗水，可见只要足够勤奋、足够努力，就能成为天才。”

老师看过这篇作文后，把这句话标了出来，并批注道：“请查看爱迪生的完整原话。”

学生感到十分诧异，便去查看。结果发现，爱迪生的完整原话是这样说的：“天才就是1%的灵感加上99%的汗水，但那1%的灵感是最重要的，甚至比那99%的汗水都要重要。”

看过爱迪生的原话，我们不难发现，他着重强调的是灵感的重要性。可是，那名学生在作文中只引用了这句话的前半部分，结果就让这句话变了“味道”——着重强调勤奋努力的作用。实际上，这跟爱迪生想表达的真实原意相差甚远。

断章取义

断章取义的问题，在生活中出现的频率很高。我们经常会听到或看到一些名人名言，但那些名言并不总是代表说话者的观点，它们有可能是由于各种原因被人们断章取义的。

○ 断章取义 1：“知识就是力量。”

○ 真实的原话：“知识就是力量，但更重要的是运用知识的技能。”

这句话是培根的名言，他强调的是运用知识的技能，可在被人们断章取义后，却变成了过分强调知识本身，显然属于断章取义。

○ 断章取义 2：“吾生也有涯，而知也无涯。”

○ 真实的原话：“吾生也有涯，而知也无涯，以有涯随无涯，殆已！”

这句话出自《庄子》，其意是说：人的生命是有限的，知识是无限的，用有限的生命去追求无限的知识，那是很危险的。庄子想告诉世人的是，生命有限，不能没完没了地去追求无限的知识，我们要学会区分，有用的知识是越多越好，没用的知识越少越好。可是，被人们断章取义之后，这句话只剩下了前半部分，与真实的原意恰恰相反。

借助上述的这些例子，希望能给大家带来一些启发和警醒：想引用名言警句作为论据时，要多看看完整的原版内容，千万不要犯断章取义的谬误。

断章取义

不顾整篇文章或谈话的真实内容，孤立地截取其中的一句或一段来进行分析，曲解原意进而误导他人，就犯了断章取义的谬误。

09 绝对化谬误

——有才的能长寿，还是无才的能长寿？

唯心主义哲学家王阳明，曾经带着两个学生去拜访朋友。朋友家养了两只鹅，一只会叫，一只不会叫，朋友让仆人把那只不会叫的鹅杀了，用来款待王阳明。借此，王阳明教育学生说："你们看，不会叫的鹅被杀了，会叫的鹅还活着，所以——有才的，才能长寿。"

吃过饭后，王阳明带学生去后山游览，看到两株大树，一株长得笔直，一株长得弯曲，而有两个人正在砍伐那株笔直的树。借此，王阳明又教育学生说："你们看，笔直的能成材，就会被砍掉；弯曲的不能成材，就会被留着，所以——无才的，才能长寿。"

两个学生听得糊涂了，其中一个忍不住问王阳明："老师，您刚刚说有才的才能长寿，现在为什么又说无才的才能长寿呢？"

王阳明解释道："'有才的才能长寿'与'无才的才能长寿'都没有错，它们是针对不同的对象、不同的条件而言的，两者并不相斥，也没有犯逻辑错误，它们相对于各自所处的时间、地点、条件而言，都是正确的。"

世界上的很多事物是有两面性或多面性的，需要具体情况具体分析。如果有人不分情况、地点和说话对象，一味地认为某些逻辑必然是对或错，就犯了绝对化谬误。

绝对化谬误

把在一定条件下，一定的时间、空间之内为正确或错误的事，推广于任何条件、任何时间与空间；或是对同类的所有事物一概而论，没有具体问题具体分析，就属于绝对化谬误。

绝对化，意味着走极端，意味着不科学，意味着不合逻辑。

水在100℃时沸腾，这句话是真的，但不是在任何条件下都是真的，它只是在标准大气压的条件下是真的。如果这个条件变了，在青藏高原上，水就不是在100℃沸腾了。我们要认识到，即便是真理，也不一定是放之四海而皆准的。

10 说文解字

——“窃书”到底算不算“偷”？

孔乙己到了咸亨酒店，排出九文大钱，对柜里说：“温两碗酒，要一碟茴香豆。”

见此情景，旁边的人故意高声嚷道：“你一定又偷了人家的东西了！”

孔乙己听到这样的话，自然很不乐意，睁大眼睛说：“你怎么这样凭空污人清白……”

对方搬出了证据道：“什么清白，我前天亲眼见你偷了何家的书，被吊着打。”

孔乙己涨红了脸，额上的青筋条条绽出，争辩道：“窃书不能算偷……窃书！……读书人的事，能算偷么？”接连便又说了一些晦涩难懂的话，什么“君子固穷”，什么“者乎”之类，引得众人哄笑起来。

当有人提及孔乙己偷东西的问题时，孔乙己为自己争辩：“窃书不能算偷……窃书！……读书人的事，能算偷么？”他想利用“窃”来掩饰“偷”，进行“说文解字”的诡辩。很遗憾，这样的说辞完全没有说服力。谁都知道，“窃”与“偷”是同义词，没有本质区别。

说文解字

中国的语言是很精妙的，如果多字词进行拆解和趣解，往往就会衍生出另一番意思。特别是在辩论中，总有人巧妙地说文解字，试图达到诡辩的目的。

说到中国传统中“重男轻女”的思想有失公平，诡辩者往往会这样歪解：中国传统上是重女轻男，不是重男轻女。他给出的理由是：中国文字中有一个“好”字，这个字是由“女”和“子”组成的，女子等于“好”，可见，古人认为生女儿好，这不是重女轻男吗？

如果按照上面的说法，中国汉字里还有“孬”这个字，把它拆开的话，不就是“女子不好”吗？这又怎么解释呢？说到底，这不过是文字游戏罢了。

当有人试图用说文解字的方式证明某一观点时，千万不要被这种诡辩迷惑，无论他解释得多么生动有趣，都是不符合逻辑的。同时，我们自己也要注意，不要轻易地说文解字，用不好的话，很可能会给自己惹来麻烦。

三国时期的谋士杨修，就毁在了说文解字上。

当时，曹操在汉水与刘备对峙多日，进退两难，举棋不定。

一天晚上，夏侯惇进帐请夜间口令，曹操看见桌子上的鸡肋，随口就说了一句：“鸡肋，鸡肋！”于是，“鸡肋”就成了当晚的口令。

杨修听到这个口令后，发挥自己的聪明才智，解读曹操的意思，说：“鸡肋，食之无味，弃之可惜。丞相要退兵了，赶紧收拾东西吧！”结果，军心大乱，士兵们都开始准备撤离。

曹操知道后，以“乱我军心”为由，处死了杨修。

杨修的确有才，之前也对曹操的心思进行过说文解字，他自以为聪明，实则已经惹怒了曹操，遭到了曹操的忌恨。这种不分场合、不分对象地说文解字，是很容易得罪人的。

CHAPTER 3

怎样判断真假对错？

区分事实与观点

01 一厢情愿
——你希望一件事是真的，它就是真的吗？

老赖向大方借钱，说孩子生病住院，实在是没办法了。

大方之前听人说，老赖染上了一些“恶习”。如今，老赖开口向自己借钱，他心里也犯了一点儿嘀咕。不过，大方最后还是把钱借给了老赖，理由是：“老赖和我是从小一起长大的，认识三十多年了，本性并不坏，他肯定不会骗我。”

两周以后，老赖被抓了，原因是聚众赌博。

老赖的故事，不只是故事。回想一下：在过往的经历中，你有没有过这样的想法？

——“我和他是多年的朋友，所以他一定不会骗我。”

——“明天就要见面了，所以明天肯定是个美好的日子。”

——“快过节了，商场的东西应该会有很大的折扣。”

扪心自问：你的这些论断都得到印证了吗？事实和你想得一样吗？

答案恐怕是，不尽然。

一厢情愿

以自己单方面的想法作为论证依据，在逻辑学上叫作一厢情愿，也是一种常见的谬误。换句话说，就是以个人的好恶和个人意愿来判断，总是有选择地相信——相信自己愿意相信的事，相信让自己感到快乐舒心的事。

我们所希望的，只是我们内心的愿景和期盼，与事实毫无关系。世界不会因为我们希望一件事是真的，就让它变成真的。当一厢情愿的思考独占大脑，挤掉了理性，结果会是很可怕的。

假设你是一位飞行员，当你某一次看油表的时候，突然发现燃油快用完了。此时，飞行任务还剩下1/3，试问：你会如何应对这个情况？

○ **第1种想法：可能是油表出了故障，继续飞行。**

这种思路是假定飞机还有燃料，而是油表出了问题，因为从理论上来说，燃料应该不会这么快用完。那么，这一思路有问题吗？据此采取行动靠谱吗？

——不靠谱！油表出错的可能性极低，概率几乎只有1%。所以，燃料很可能真的就要燃尽，这会导致飞机从高空坠落地面，无法避免人员伤亡，而你也在其中。

○ **第2种想法：忽略油表的提示，完全不在意。**

这种思路是典型的鸵鸟心态。当鸵鸟遭遇危险时，会把头埋进沙子里，以为看不见问题，问题就不存在了。问题会因为任何人的逃避和恐惧而消亡吗？

——不会！当你选择忽视危险时，危险不会消失，通常危险只会像滚雪球一样，越滚越大，这也是我们要考虑与感知现实的重要原因。

○ **第3种想法：油表是正确的，但可能有例外情况。**

这种思路就有点异想天开，假定油表没有问题，但你期待自己的飞机是个特例，存在特殊情况，比如不需要燃料也可以飞行，或者消耗燃料的方式与其他飞机不一样。

——醒醒吧！当飞机燃料耗尽时，无论它是什么机型，由谁来驾驶，都免不了坠落的结局。这就是现实原则，没有办法回避，也不存在例外，对任何人而言都如是。无论你知不知道这一法则，当燃料燃尽，灾难都会降临。

上述的三种想法都属于一厢情愿的思维，不肯、不敢面对现实，结果就是在自我安慰与自我欺骗中陷入更深的困境。那么，真正理性的做法是什么呢？

——直面现实！选择降落加油，先保住性命，第二天再继续飞行。

理性地接受生活的考验

面对不合理、不合预期或不可预料的事情时，一厢情愿的思考会让我们感到温暖、快乐、踏实、惬意，暂时“远离”烦恼与不安，但这不是处理问题的正确方式。

生活不是童话，要尽量避免掉进一厢情愿的思维模式中，不肯、不敢面对现实，往往会让我们在自我安慰与自我欺骗中陷入更深的困境。唯有直接而理性地接受生活的考验，依照实际状况想出对策，提出合理且可行的计划，才能遏制事态的恶化。

02 诉诸权威

——不用香水的女人就没有未来吗？

罗素说：“数学可以被定位为一个我们永远不知道自己在谈论什么，也不知道自己所说的是否正确的学科。”关于“1+1=？”的问题，他在《数学原理》中用了362页才推导出“1+1=2”的答案，这是千古不变的真理。

可是，当这道题被搬到了哲学系的课堂上，导师在黑板上写下“1+1=？”时，在座的学生们却不敢用正常思维去看待这个问题，而是给它提供了无数种假设：

“1+1=虚无？”“1+1=力量？”“1+1=永恒？”“1+1=爱情？”

如果你就在这个课堂上，你会不会直接写出答案“2”？

为什么在真理面前，我们不能或不敢“无知”地想到“1+1=2”？

因为人有崇拜权威的心理，在这一心理的支配下，人们在认知事物时无法与客观事物及其规律相一致，会做出有悖于真理的错误反应。

权威，除了有权力和影响的意思外，还有另外两层含义：其一是被用来支持一个观点或行为的人或事物，其二是指一个权威性陈述的作者，或为人所尊敬的人物或其作品。在人们心目中，权威的意见是最值得信任、参考和借鉴的。因此，想要解释一件事时，人们往往会选择引用名人名言，尤其是各行各业的领袖人物的话，来支持自己的观点。因为这些人本身具有强大的影响力和说服力，适当地引用以补充、充实证明论题的论据，有一定的可取价值。

需要说明的是，如果在论证的过程中，不重视收集和列举其他事实或普遍规则、规则来作为证据，那么即便是名人或权威说的话，也不一定就代表真理，因为它本身还存在局限，还应当受到逻辑与实践的拷问。

诉诸权威

在逻辑学中，以权威人士的只言片语为论据来肯定一个论题，或者以权威人士从未提出过某命题为论据来否定一个论题，都属于诉诸权威的谬误。

——“为什么你突然迷上香水了？”

——“可可·香奈儿说了，不用香水的女人没有未来。”

可可·香奈儿是时尚界的名人，但她说的这句话，能否代表事实与真理呢？

不能！香水确实可以为女性增添魅力，但并不是每一位成功女性都喜欢用香水；也不是每一个用香水的女人都可以借助香水的魅力获得绚烂的未来。只凭借可可·香奈儿的一句话来支撑“不用香水的女人没有未来”这一论题，违背了逻辑学上的充足理由律。

引用权威的注意事项

权威具有相对性、多元性、可变性，以及时效性的特点，这也提示我们，在引用权威的时候，需要注意以下几个问题。

1.所诉诸的权威必须是论题所在领域的权威

隔行如隔山，某一专业领域的权威，不一定对其他领域的问题也精通。倘若是文学领域的问题，引用军事领域权威的话作为论据，就不是在恰当领域诉诸真正意义上的权威。

2.不要诉诸“过期的”权威，注重权威的时效性

如果忽略了时代的变革和发展，就等于静止地看待问题，犯了形而上学的错误。

3.所诉诸的权威秉持的观点，要在诸多权威中形成普遍共识

只有某一权威的个人意见，或别的权威对其观点存在异议，就不适宜将其作为论证的论据。

我们要警惕诉诸权威的谬误，对权威说的话要多一些反思，少一些盲从。

03 诉诸传统

——从来如此，便是对吗？

有一对夫妻，丈夫好吃懒做，工作不努力，赚到的钱刚够养活自己；妻子勤奋能干，在公司担任主管，养家还贷全靠她。妻子从未嫌弃丈夫，只是提出让丈夫多分担一些家务。某日，妻子下班后，发现厨房凌乱不堪，就让丈夫来收拾。丈夫有点儿不乐意，就开始跟妻子论辩。

丈夫："自古以来，家务活都是女人做的，你让我做，这本身就有问题。"

妻子："按照你的逻辑，自古以来，男人都是主外的，那你应该去外面赚钱养家。如果你能赚钱养家还贷，那我很乐意在家扫地、洗碗、做饭。"

丈夫："我怎么没有赚钱养家呀？难道只有你一个人上班？"

妻子："不要打岔，我们在说做家务的问题。你说了，按照传统，女人应该做家务，对不对？如果这样的话，我是不是要辞去工作，在家做全职太太？"

丈夫："没问题呀，只要你愿意。"

妻子："我明天就辞职，刚好我们公司在裁员。你放心，我会把家里收拾得干干净净，把家务活做得很好。"

丈夫见妻子真生气了，小声说了一句："如果真是那样，日子怎么过呀？"

妻子叹了一口气，说："那不就得了！我在外面努力工作，已经分担了你赚钱养家的负担，你在家里多做点家务，帮我分担一些家务，有什么不行的呢？"

最后，丈夫被说服了，乖乖地去洗碗做饭了。

在夫妻两人的论辩中，丈夫提到了"自古以来，家务活都是女人做的"，这是把古时候的传统习俗拿出来作为论据。每个国家和民族都有其流传下来的传统，但这些传统中，有的是优良的，有的却是糟粕，我们要汲取精华，去除糟粕。如果把传统视为判断是非的唯一标准，特别是把历史悠久的传统作为判断是非的标准，就犯了诉诸传统的逻辑谬误。

诉诸传统

诉诸传统，就是把传统视为判断是非的唯一标准，特别是把历史悠久的传统作为判断是非的标准，这是不符合逻辑的。

诉诸传统有两种想法的极端谬误：一是诉诸年代，即过去的一些古老传统，沿袭下来的就是对的；二是诉诸新潮，即主张某想法是新时代的潮流，因而是好的。这两者都是极端的，旧时的传统未必适用于现代，新潮的也未必就是好的。

时代在进步，人们的生活方式和思想观念也在进步。过

去，女性的社会地位较低，接受文化教育的程度较低，这种客观情况导致了多数女性只能在家里相夫教子。但随着社会的进步，女性也开始接受和男性一样的教育，并像男性一样在社会中工作，具备了独立的经济能力、独立的思想意识，若再用古代的传统去要求女性，就不合适了。

对待传统，我们要辩证来看，不能“一刀切”，既不能说传统就是好，也不能说传统就是不好的，新潮的才是好的。好与不好，要尊重现实，也要具体问题具体分析。

04 诉诸大众

——观点正确与否与多少人认同有关系吗？

《史记·秦始皇本纪》中记载过一个“指鹿为马”的故事。

秦朝二世的时候，宰相赵高掌握了朝政大权。他担心群臣中有人不服，就想了一个办法。有一天上朝时，他牵来一只鹿，告诉秦二世说：“陛下，这是我献的名马，一天可以走千里，一夜可以走八百里。”秦二世听后，大笑说：“丞相啊，这明明是一只鹿，你却说是马，真是错得太离谱了。”

赵高辩解说：“这的确是一匹马，陛下您怎么说是鹿呢？”

秦二世觉得诧异，就让群臣百官来评判。

大家都知道，说实话会得罪宰相，说假话又是欺君，就都默不作声。这时候，赵高盯着群臣，手指着鹿，问道："大家看看，这动物身圆腿瘦，耳尖尾粗，不是马是什么？"群臣都畏惧赵高的势力，知道不应答不行了，就纷纷附和说是马。

赵高很得意，秦二世也被弄糊涂了：明明是鹿，为什么大家都说是马呢？他也开始动摇了自己的看法，以为那真是一匹马。

听起来似乎有些可笑，其实这里面牵涉到了一个生活中经常出现的逻辑谬误，诉诸大众。当赵高指鹿为马时，秦二世原本是不相信的，可是当群臣们都说"鹿就是马"时，秦二世动摇了。别有用心的赵高，自然知道群臣们是为了迎合他而说谎，但同时他也故意利用了这一点，让秦二世动摇——"你看，大家都说这是马，还会错吗？"

诉诸大众

在论证一个观点时，不是阐述支持论点的论据以及论据与论点之间的因果关系，而是以该论点得到了多数人的赞同作为论点正确的理由，就叫作诉诸大众。诉诸大众最典型的表现形式就是：因为多数人认为它是对的，所以它是对的。

我们需要澄清一下，诉诸大众不是逻辑推理，它是利用了人们的不自信、盲从等弱点，从而对人的心理起到操控和迷惑作用。这种操控发挥作用的心理支撑，其实就是从众心理。

1951 年，美国心理学家阿希设计了一个实验：他把大学生被试进行分组，每组 7 人，在同一个房间依次回答一个简单的问题。事实上，每组的前 6 个人都是实验人员，只有第 7 个人是真正的被试。实验在多组人中进行，前面回答的 6 个人，会故意选择同一个错误答案，以此来测试第 7 个被试的反应。

结果，在这些真正的被试中，至少有 75% 的人，有一次错误的从众选择；有 5% 的人，从头至尾都选择了错误的答案；只有 20% 的人，一直坚持自己的选择。

实验的测试题是很简单的，且被试都是大学生，但测试结果还是令人瞠目。大家想想：如果题目的难度再大一些，被试者素质参差不齐的群体，情况又会是什么样呢？

人们总是倾向于自己的观点会得到多数人的认同；反之，多数人都认同的观点也会对个体的判断产生压力。尽管如此，我们还是要认清一个事实：在从众心理驱使下的多数人的意见，无法作为是非判断的标准，也无法作为论证某个论点的论据。一个观点正确与否，与多少人赞同它、多少人反对它，没有必然的因果关系。真理的标准是实践，而不是人数的多少。

无论何时，我们都应该好好利用理性思考与现实验证的能力，减少被洗脑和被误导的可能。

05 诉诸恐惧

——为什么齐王会娶奇丑无比的无盐？

齐国有一个长相奇丑的女子，人称无盐。

一日，无盐求见齐王。齐王见她丑陋异常，故意说道："我宫里的嫔妃已经备齐，你想到我宫中，试问你有什么特殊的才能？"

无盐很坦然地答道："我没有什么特殊才能，只是懂一点隐语之术。"说完，她举目裂齿，挥了四下手，拍着膝盖，前后喊了四句："危险了！"见此情形，齐王和大臣们都被吓了一跳，同时又很好奇，想知道无盐这隐语之术到底有什么绝妙之处。

在齐王的追问下，无盐解释说："刚刚，我举目是在替大王观望烽火的动向，我裂齿是替大王惩罚那些不听劝谏的人，我挥手是为大王赶走奸佞之徒，我拍膝是要拆除专供大王娱乐的渐台。"

听完无盐的解释，齐王又追问："那你喊四句'危险了'，又是何意？"

无盐说："大王您统治齐国，西有强秦之患，南有强楚之敌，大王又爱奉承之徒，这是危险之一；大王大兴土木，高建渐台，聚敛大量的财富珠宝，百姓苦不堪言，怨声载道，这是危险之二；贤明之士躲在山林，奸邪之人立于朝廷，欲规劝者见不到您，这是危险之三；大王终日设宴游乐，外不修诸侯之礼，内不关心朝政，这是危险之四。”

齐王听了无盐的话，意识到自己的问题，不寒而栗。而后长叹一声：“无盐的批判太深刻了，我的确处于危险之地。”之后，齐王纳无盐为后，在她的辅佐下，一改往日的问题，把齐国治理得井然有序。

恐惧是人类最原始的情感之一，也是人类赖以生存的一种直觉反应。当人类感到恐惧的时候，经常会做出一些可怕的或不寻常的事情。恰恰是由于这种天性，恐惧经常被一些善于说话的人利用，以此强化自己的观点，这就是诉诸恐惧。

诉诸恐惧

诉诸恐惧是一种逻辑谬误，是利用威胁和恐吓，迫使别人屈服于自己的观点，受到自己的掌控。然而，说话者诉诸的恐惧，是否真的与事实相符，却是值得怀疑的。

无盐在劝说齐王的时候，故意说了四句“危险了！”，并逐条分析阐述，引起了齐王的警惕和关注。虽然她分析得有一些道理，可或多或少还是有危言耸听之嫌。

诉诸恐惧的说服术，重在一个“危”字，就是刻意描绘危险，让人感到恐惧，从而愿意听信说话者的建议，为自己解除“危险”。说话者阐述的“危”，有一定的事实依据，只是说话者会适当地夸大其词，渲染出令人恐惧的效果，以达到说服的目的。

今后，如果有人跟你诉诸恐惧，或是你在网络看到这样的言论，如：“这种食物比砒霜更毒，你还在吃吗”“卧室里放这个，全家得癌症”“如果你有孩子，不懂这一点很可能耽误孩子一生”……一定要认真思考和辨别，汲取有用的内容即可，千万不要被恐惧影响或牵制，给自己增加焦虑，或是作出违背自己意愿的、不必要的决策。

06 怀疑主义

——什么叫“以小人之心，度君子之腹”？

上海市有3名学生曾捐赠出自己攒了多年的压岁钱，共计50多万元，设立了“青春之光爱心专项基金”。这原本是一件好事，捐赠的3名学生，年龄最大的也不过14岁，他捐的数额是25万，并成为上海最年轻的慈善专项基金主任；他的弟弟捐赠了20万；剩余的5万，是他的同学所捐。

做慈善事业本是一件好事，这种事情不

分对象、形式与捐赠数额大小。然而，就是这样一件好事，到了某些人的嘴里，却变成了“另有所图”。

——“这两个孩子家境殷实，这么做就是在为将来出国留学、申请世界名校做铺垫，设立基金也不过是为了给自己“贴金”，显得人格高尚。”

——“对于有钱的家庭来说，捐赠这点钱也不算什么，要是能给孩子换一个好的前途，这就是一项值得的投资。等孩子达到了出国的目的，这个慈善事业也就终结了，所谓的专项基金也就不存在了。”

——“这孩子的父母一定是赚了昧良心的钱，心里不踏实，才以孩子的名义来做慈善，就是为了找回内心的平衡，换一种方式来救赎自我，以图心安。”

有句话说：“以小人之心，度君子之腹。”把这句话放在上面的情境中，真是再合适不过了。这些声称他人捐款是“另有所图”的人，没有任何的事实依据，完全是凭借自己的主观猜想和怀疑下定论，这是一种典型的动机论，属于逻辑谬误。

动机论

所谓动机论，就是极端而缺乏理性的臆想和猜测，以不信任的态度面对生活中的一切，别人做任何事情，都会怀疑对方动机不纯、另有所图。

我们提倡，人应当具有批判性思维，多一点质疑精神，这样才不会轻易被事物的表象所迷惑，可以更加理性地看待问题，从而发现事实的真相，或看到事物的本质。然而，动机论是一种怀疑主义，它不是批判性思维，与科学精神中强调的质疑精神有本质的区别。

科学的怀疑，是以客观事实为基础，以实验和检测为手段的，合理的、有根据的怀疑。科学里的质疑都是有前提条件的，它们有充足的理由，建立在实证和理性的基础上。反观动机论者的猜测，并没有任何的实证和理性，只是主观地、盲目地猜想他人的意图，甚至有无中生有、指鹿为马、肆意诋毁之嫌。

我们在生活中要避免动机论，凡事都要讲究事实，提出的猜测和质疑也要有依据、有线索、有佐证，不能全凭主观臆断妄加揣测，这样才能作出更贴近事实的判断。

07 重复谎言

——谎言重复一千遍，就能替代事实吗？

戈培尔是纳粹德国时期的国民教育与宣传部部长，非常擅长讲演，号称“宣传的天才”。他有一句知名度超高的言论：“重复是一种力量，谎言重复千遍就会成为真理。”

之所以会说出这样的言论，是因为戈培尔本身就是这句话的践行者。在纳粹时期，他使用重复谎言的方式，利用广泛的宣传渠道，不断向社会重复广播纳粹思想，成功地给群众洗脑。戈培尔本人解释说：“如果你说的谎言范围足够大，并且不断重复，人民最终会开始相信它。”

重复谎言

不断地重复一个虚假的观点，会增加这一观点的可信度，哪怕没有进一步提供论证或支持，也可以削弱论敌的反驳，让人误以为事实就是那样。

为什么重复的信息会产生如此大的影响力呢？心理学家认为，原因有两点：

首先，人们比较愿意相信自己熟悉的人和事，重复会带来熟悉感和安全感，增加可信度。

其次，人们通常只记得自己听说过某事，但不太容易记得是从哪儿听说的。当一个信息不断被重复时，人们就会产生信源记忆错误，误认为这是自己多方听说得到的信息，故而觉得可信。

从逻辑学上来说，不断地重复会增加逻辑的合理性，让人误以为事实就是那样。但事实真的是那样吗？谎言真的可以变成真理吗？当然不能！这是一种错误的逻辑，没有进一步地阐述论点，再多的重复也跟事实无关！

重复谎言的谬误，完全是诉诸心理因素，而不是诉诸理性。它在否认事实，百般抵赖，甚至是睁着眼说瞎话。不过，谎言终究是谎言，可能会蒙蔽所有人一时，却不能蒙蔽所有人一辈子，也永远不可能变成正确的逻辑。

08 诉诸出身
——有其父必有其子，是不是真的呢？

赵奢是赵国的名将，英勇善战，曾经为赵国立下汗马功劳，深得赵王的器重。赵奢有一个儿子叫赵括，在秦国攻打赵国时，赵王就犯了一个诉诸出身的逻辑错误。他认为：虎父无犬子，有赵奢这样的父亲，赵括应该是青出于蓝而胜于蓝。

于是，赵王就下令，让赵括取代廉颇与秦军作战。

赵括取代廉颇后，把廉颇的所有作战方针都做了调整。他求胜心切，立刻派兵出击，秦军佯装败走，赵军火速追赶。结果，掉进了秦国将军白起设置的包围圈。这就是历史上著名的“长平之战”。

其实，就在赵王准备启用赵括的时候，赵母就进行过劝谏，希望赵王不要任用她的儿子。然而，赵王却一再坚持自己的看法。没想到，结果真的被赵母言中，赵括兵败了。

赵王以赵奢的才能来推断其子赵括的军事才能，实际上，两者之间没有必然的关系。赵奢确有作战才能，但这无法证明赵括也具备相同的才干。想要知道赵括的能力，理性的做法是从他的日常行为、带兵情况，以及对兵法的掌握等方面去考量，而不能以其出身作为论证的依据。赵王在这件事情上，犯了诉诸出身的逻辑谬误。

诉诸出身

有些子女与父母在某种能力或性格上存在相似之处，但过分“迷信”这种相似性，甚至将其作为推断一个人道德、品行、能力、成就的依据，就犯了诉诸出身的逻辑谬误。

人从出生开始，就会受到来自家庭、社会、他人等各方面因素的影响。这些影响很重要，但终究只是外因，而非决定性的因素，毕竟人还有主观能动性。出身不能代表一个人的品行和能力，也无法决定一个人的命运和前途，在筛选人才、评价他人和自我时，千万不要犯诉诸出身的谬误，要从多方面进行综合考量。

09 以人为据
——狂放之士，用他有什么好处呢？

长篇巨著《三国演义》里有这样一处情节：

孙权盘踞江东多年，通过举贤任能招揽了不少人才，为东吴的发展奠定了坚实的基础。然而，有一个人却没有得到孙权的任用，且他的才智不逊色于诸葛亮，这个人就是庞统。

其实，鲁肃曾经向孙权举荐过庞统。当时，孙权见庞统面貌丑陋，行为古怪，就对他产生了不好的印象；而且在“面试”的过程中，庞统的表现又进一步加深了孙权对他的厌恶感。

“面试”一开始，孙权问庞统：“你主要学习什么？”

庞统回答道：“没有固定，什么都学，随机应变。”

孙权又问：“你的才学与周瑜相比如何？”

庞统说：“某之所学，与公瑾大不相同。”意思是说，我的学问大了，不在周瑜之下。

孙权原本就嫌他面貌丑陋，加之听了这样一番话后，对庞统更是好感全无。因为孙权平生最看重周瑜，而庞统却没有把周瑜放在眼里。于是，孙权就让庞统回去等消息，其实就是不想用他，找个说辞而已。庞统也明白孙权的意思，走时长叹一声。

鲁肃不理解，连忙问孙权："主公为何不用庞士元？"

孙权说："狂士也，用之何益？"意思就是，庞统太狂妄了，不想用他。

身为贤明之主的孙权，在是否任用庞统这件事情上，并没有依靠理性来决策，他甚至还犯了"以人为据"的逻辑错误。

以人为据

以人为据，就是判断一个人的观点正确与否时，不看观点本身，而看发表这种观点的人。

以人为据有两种类型：一是以貌取人，对于那些印象不好的人所说的话、所做的事，都采取否定和反对的态度；二是以立场看人，如果对方的立场与自己不同，就把对方视为敌人或对手，对对方所说的话、所做的事，采取反对的态度。

孙权对庞统印象不好，就不相信庞统说的话，不相信庞统的才华。哪怕鲁肃极力推荐庞统，拿出了可以证明庞统有才华的事例，孙权依然不用庞统。这，是以貌取人。

在如何看待周瑜这件事情上，庞统对其是不屑一顾，这恰恰与孙权对周瑜的立场相反，这就更加剧了孙权对庞统的厌恶。这，是以立场看人。

无论从哪一点上来看，孙权都犯了“以人为据”的逻辑谬误。其实，狂士未必无才，人的性格如何，不能推出他的才华与能力如何。这也提示我们：决策之前，要凭借理性去思考问题、审视人才，要就事论事、实事求是。如果犯了以人为据的逻辑谬误，极有可能会让判断产生偏差或失误。

10 破除迷信
——本命年穿了红袜子怎么还是没走运？

妈妈：“你买红袜子了吗？”

女儿：“红袜子多难看呀，我不喜欢。”

妈妈：“今年是本命年，你必须买一双穿上！”

女儿：“为什么非得穿呢？”

妈妈：“走红运，踩小人！”

……

关于“本命年穿红袜”这样的说法，许多人都听说过，甚至亲自尝试过。也许有人在本命年穿了红色衣服、红袜子，确实平平安安地度过了那一年，且运气还不错，但那真的跟红衣服、红袜子有关系吗？有没有本人努力的成分，或其他因素影响呢？

与之相似的说法，现实中还有很多，比如："这条河有不干净的东西，几乎每年都淹死人。"也许，那条河每年淹死人是事实，但怎么能证明河里有不干净的东西？更何况，那不干净的东西是什么呢？现实中存在吗？是不是那条河本就明令禁止"游野泳"呢？若是明令禁止游泳，却不听劝阻执意下水，本身是不是涉险行为呢？

我们一直强调，要多一点科学精神，破除迷信和伪科学。科学是一种允许自我证伪的动态开放的可靠方法，讲究的是形式逻辑和证据；迷信则是无条件接受、不允许质疑、没有形式逻辑、不需要可靠证据，是盲目的相信、没有理由的相信。

迷信让人从思想上脱离现实

所谓迷信，就是对某个不变的事物进行唯一的极端相信，相信神灵鬼怪等超自然的东西，毫无根据可循。一切迷信都是荒谬的，迷信是一种愚蠢的行为，因此也可称为愚信。

许多人很好奇：迷信到底是怎样迷惑一个人的思维的呢？

答案并不复杂：迷信让人从思想上脱离现实！当我们应该关注真实的事物时，迷信却让我们把时间浪费在了思考虚假的事物上。

——“黑猫不吉利，看见了就要躲开。”

躲避黑猫是有宗教渊源的，早在中古时代，就有女巫会化身黑猫的说法。所以，只要看到黑猫，人们就会认为那是女巫变幻的。

——“他从梯子下走过，一年后他死了。”

从梯子下走过，有可能会被掉下来的东西砸到，这个危险是真实存在的，就好比在路上行走存在被车撞到的可能。但，仅仅是有这种可能，不是必然。迷信让人从思想上脱离了这一现实，而是让人“觉得”从梯子下走过，就会让自己的人生走霉运；让人相信“从梯子下走过”这件事会对“命运”产生不好的影响，这纯属是无稽之谈。

面对社会生活中的“迷信”现象时，我们要保持清醒的头脑，加以抵制，不要为了无中生有的迷信浪费时间、精力和财富，那是一种自我执迷，没有任何意义。

CHAPTER 4

如何应对强盗逻辑？

保持思考的独立性

01 诉诸个体

——你的个人经验，能代表所有人吗？

在周围的人看来，孙雷就是一个彻头彻尾的“杠精”，不管跟他聊什么，他都能把天“聊死”。无奈的是，他自己似乎并没有意识到这个问题，依旧每天跟人“抬杠”。

甲说：“长期吃高热量、低营养的油炸食品，容易引发肥胖、三高等慢性疾病。”孙雷不以为然，拿自己当“反例”：“我早饭经常吃油条馄饨，身体不也好好的嘛！”

乙说：“吸烟有害健康，还是趁早戒了的好。”孙雷反驳说：“我爷爷吸了一辈子的烟，可他很长寿，活到了89岁。”

丙说：“孩子躺着看书会影响视力，还是要注意用眼方式。”孙雷听后，又冒出一句反对意见：“我小时候一直躺着看书，也没有变成近视眼啊！”

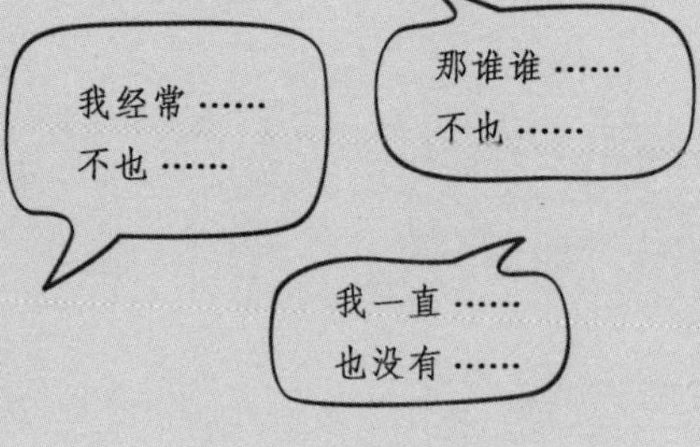

毫无疑问，孙雷这种人就是网络上常说的“杠精”，你指出一条科学的结论，他总会找一些事例去反驳你。实际

上，他的那些反驳并不符合逻辑，完全是诉诸个体的谬误。

诉诸个体

诉诸个体是指在论证的过程中，仅仅根据个案得出结论，或者以个人经验、个人观察、单个事件为依据来进行论证，根本没有考虑到前提与结论之间没有必然的联系。个人经验是有局限性的，单个事例也可能存在特殊因素，根本不能将其作为普遍性的材料用于论证。

晓伊经历过两次失败的婚姻，她的两任丈夫都与她相处得不好，关系恶劣，经常吵架。那些恼人的时光就像噩梦一样，缠绕着晓伊的心。每次听闻身边人谈及婚姻，晓伊总是摇头不已，说："我真搞不懂，人为什么要结婚？婚姻就是一场噩梦，只会给人带来痛苦。"

有没有发现，晓伊对婚姻的看法，完全是根据她个人的经验得出的结论？

不可否认，每个人在婚姻生活中都可能会遇到一些问题，但不能由此断定所有的婚姻都是噩梦，且只会给人带来痛苦。我们不能试图用个人经验或单独事例，来取代逻辑论述或者有力的证据。实际上，经营关系是一门学问，牵涉多方面的问题，也是个人成长的必经之路。诉诸个体的谬误，很容易让晓伊在思维上陷入死胡同，刻板地看待婚姻和亲密关系。

02 过度引申
——有没有人说“你注定不是做……的材料”？

小A是一位年轻的妈妈，本身是舞蹈老师，平日对其他孩子都很有耐心，唯独在教自己女儿跳舞时，总是特别苛刻。女儿有个动作做得不太理想，小A就失去了耐心，说道：“教了你多少次了，这么简单的动作都做不好！看来你注定就不是吃这碗饭的料！”

小B在驾校学习开车时，总是因控制不好离合器而熄火，或在倒车时判断不对方向。面对这样的情况，小B本来就很紧张，也担心被教练说。没想到，教练还真就给了他两句：“你这操作能力也太差了点儿，将来怎么上路呀？看来你注定就不是适合开车的那类人。”

小C很喜欢写作，经常给各个杂志社、网络媒体投稿，但屡次被拒。朋友见她闷闷不乐，就劝道：“不是所有人都能成为作家，你投了这么多篇文章，一篇也没有被录用，还是放弃吧，看来你注定就不是靠笔杆子吃饭的人。”

无论是孩子还是成人，如果总是遭到上面这种负面的评价，会很容易变得没有自信，自我价值感也会降低。没有人喜欢被贬低、被否定的感觉，可是有一个事实我们必须清楚：并不是所有的批评和负面评价都是符合逻辑的，尤其是上面的这种说法——“你注定不是做……的材料”，毫无道理可言，完全就是过度引申的逻辑谬误。

过度引申

因为某方面的一些差错，就否定一个人在这方面的天赋，认为他不可能取得成就，这是一种逻辑谬误，叫作过度引申。

学习全新的舞蹈动作，总需要花一点时间才能做得标准；新手上路时，都会遇到熄火的情况，但后来也能把车开得很熟练；不少知名的作家，在未成名之前，也遭到过多次退稿，但这并不意味着他们的写作水平有问题，更不代表他们无法成为作家。

不能由一次或几次小小的失误和错误，就推导出一个人在这方面不可能有成就。错误可以改正，缺陷可以弥补，能力可以提升，失败可以战胜。不随意否定自己，不随意否定他人，用发展的眼光看待自己、看待他人，这才是理性的思维方式。

03 诉诸无知
——没人能证明你是对的，你就是错的？

编撰于19世纪的一部百科全书里，曾经有这样的一段描述：

“太阳系一定晚于100万年前形成，因为就算太阳只是由煤和氧组成，以太阳释放能量的速度，在这段时间内燃料也必然会耗尽。”

百科全书得出的这一结论，是基于当时没有发现比煤更有效率燃料的背景。可是现在看来，这一结论明显是错误的！因为在20世纪发现了辐射与核聚变反应后，太阳的年龄被估算为数十亿年。

为什么19世纪的那部百科全书会得出一个错误的结论呢？原因就在于，它犯了逻辑学上的一个谬误，即诉诸无知。

诉诸无知

所谓诉诸无知，就是指断定一件事情是正确的，只因为它未被证明是错误的；断定一件事情是错误的，正因为它未被证明是正确的。

放眼望去，诉诸无知的逻辑谬误，充斥在生活的各个角落：

“你不能证明你的观点是对的，所以别跟我争辩。”

“没有人能证明外星人存在，所以外星人一定不存在。”

“你拿不出证据证明1＋1＝2，就说明1＋1＝2是错的。”

“……”

科学哲学有一句谚语：“缺乏证据不是证伪的证据。”同理，一个假设缺乏证据，也不能被当作另一假设的证据。当说话者诉诸无知时，通常会一厢情愿地把一件事断定为错误或难以置信的，然后以这个认知上的隔阂，作为他坚持的另一事物的“证据”。

人类的认识是有限的，要证明一个事物的存在是非常困难的，更别说去证明那些我们根本没有听过、见过的事物。就算亲眼见过，也得提供丰富的记录和证据才可以证明。

面对诉诸无知的诡辩，我们该怎么回应呢？

以其人之道，还治其人之身

当对方强调“你无法证明你是对的，所以不要跟我争辩”时，你可以反问对方：“照你这么说，我无法证明你没有偷窃，就表明你偷窃了呗？”

诉诸无知从一开始就是错的，从一个错误的观点出发，根本无法推出一个正确的观点。当你用与之同样的逻辑谬误去反驳他时，对方就无法再狡辩了。

04 诉诸怜悯

——穷到走投无路，偷东西就该被原谅？

2019年3月，网络上报道了这样一则新闻：母亲偷了1.8万元为病儿筹钱。

事情的原委是这样的：一个8岁的男孩患有神经母细胞瘤，因没有钱治病，其母竟把手伸向了儿童医院的病人家属，盗窃1.8万元后被警方抓获。孩子的父亲在接受采访时，向记者表示：贫穷和疾病都不是妻子伸手盗窃其他病人的理由，他希望向受害者道歉。

据了解，这个家庭原本就不富裕，孩子治病又借了不少钱，可谓是雪上加霜。多数人很同情他们的不幸遭遇，但就像孩子父亲所说："即便事出有因，但法不容情。"

在现实生活中，我们经常会看到与之相似的例子。

警察问嫌疑人："你为什么要在公交车上偷东西？"

嫌疑人解释说："我刚从外地过来，钱包丢了，身无分文，不得已才偷东西。"

我们都知道，这样的解释在法律面前是行不通的，可为什么嫌疑人要这样说呢？

实际上，这里牵涉到逻辑学中的一个谬误，即诉诸怜悯。

诉诸怜悯

在论证某一论题时，不是通过正面对论题加以论证，而是利用受众对弱者的怜悯心理，诉说某人可怜、凄惨的遭遇或境况，从而激起人们的恻隐之心。这种把论证理由完全建立在情感之上的，试图以此让别人接受自己观点的行为，就是诉诸怜悯。

诉诸怜悯是一种逻辑谬误，它的论据和结论之间没有逻辑相关。结论的真与假与某人的不幸境况，不存在必然联系。人类的同情心，不是支持论断的逻辑理由。

人都有恻隐之心，但情归情，法归法，两者不能混为一谈。我们可以同情弱者，同情他们的处境，但我们不能同情和纵容违法者。一个理智的人，不能用逻辑谬误去代替理性思考，更不能被情绪左右而丧失客观的分析与判断。

05 诉诸规则以外

——借了别人钱没还，不代表不守信用？

阿懒终日游手好闲，自甘堕落，父母苦口婆心劝了他很久，却没什么效果。不上班，不赚钱，自然就入不敷出。无奈之下，阿懒就开始向周围的朋友借钱。

阿懒："能给我1000块钱吗？我过一个月就还给你。"

朋友："听说你从峰哥那边借的钱还没有还，有这回事吗？"

阿懒："哎……是有这么回事。不过，请你相信我，那只是一个例外。你知道，我一直都是个守信用的人，我借你的东西从来都是准时还的，上学那会儿……"

朋友："不好意思，我最近手头也有点儿紧，帮不了你，你再问问别人吧！"

请注意阿懒说的这句话："哎……是有这么回事，不过，请你相信我，那只是一个例外……"他的意思是说，自己的确借了其他人的钱没有还，但那只是例外，不代表他是个不守信用的人。显然，这就是诉诸规则以外的诡辩。

诉诸规则以外

规则与例外是对立的，规则就是规则，例外就是破坏规则，破坏了规则就要付出代价。如果错误地认为，把一件事情作为例外，不代表规则被打破，就是诉诸规则以外的诡辩。

某人借了其他人的钱不还，这明显就是违反了守信规则，他要承受的代价就是失去个人的声誉，失去朋友的信任。既违反了规则，又不付出代价，这种相互对立的情况，怎么可能同时存在呢？

06 诉诸最差
——我只是偷了点东西，又没有伤人！

《三国志·蜀书·先主传》里有一句话：“勿以恶小而为之，勿以善小而不为。”意思是说，不要因为是较小的坏事就去做，不要以为是较小的好事就不去做。毕竟，小善也是善，小恶亦是恶。小善积多了就成为利于天下的大善，小恶积多了也足以祸国殃民。

然而，现实生活中，却经常有人这样为自己辩驳：

“我就是偷了东西，又没有伤人！”

“我就是踹了那只猫一脚，它不过是个动物，又不是人。”

“我就是打了她几下，又没有把她弄伤。”

“……”

按照说话者的逻辑，自己所做的事情只是小恶，这样的行为不是最差的，还有更糟糕的情况，所以就可以忽略不计，就可以得到原谅，免除责任。这样的说辞是在诉诸最差，完全是一种强盗逻辑！

诉诸最差

诉诸最差，是指用“这不是最差的”“这不是最糟糕的”为借口，推卸自己的责任，开脱自己的罪责。诉诸最差是无理的狡辩，根本站不住脚。

做恶与没做恶，是根本性质的问题；大恶与小恶，是严重程度的问题。诡辩者们称，自己做的只是小恶，所以应该被原谅，这完全是在避重就轻。

如果任何事情都以“这不是最差的”来诡辩，那么世间所有的行为都能够找到更加糟糕的比较对象。按照这样的逻辑诡辩下去，世间所有的恶行在诉诸最差之下，岂不是都变得可原谅、可饶恕了？这显然是无理的狡辩，简直就是无稽之谈。

07 诉诸沉默

——嫌疑犯不说话，能认定他有罪吗？

早晨——

同事：“这个打印机怎么不动了？”

你：“……”

同事：“你怎么不说话？是不是你乱动来着？”

中午——

同事：“你懂日语吗？”

你：“学过几年。”

同事：“你能不能帮我翻译一页东西？”

你：“不好意思，我现在手里有工作，你问问别人吧。”

同事：“瞧，心虚了吧？”

傍晚——

同事：“你打错的字，是你潜意识里想表达的东西。”

你：“不一定吧！就算是相同的按键顺序，用不同的输入法，打错的字也是不一样的。所以，打错的字，未必就是潜意识里的想法。”

同事：“如果不是潜意识里想表达的，为什么会打错？”

你：“那我就不知道了。”

同事：“所以，打错字，就是潜意识里想表达的东西。”

要是工作中遇到了这样的同事，真的是“气死人不偿命”！这类人习惯性地秉持一个观点：你不说话，就是默认了！这样的谬误，在逻辑学上叫作“诉诸沉默”。

诉诸沉默

诉诸沉默，是指由于论点的主张者没有论证该论点，从而推论该论点是假的。实际上，论点的主张者没有论证其论点，可能是多方面原因所致；论点的主张者没有论证其论点的这个

行为，并不能成为该论点为假的理由。

碰到“诉诸沉默”的“杠精”时，你不妨反问对方一个问题，看看他会怎么回答。

“警察审讯嫌疑犯的时候，如果嫌疑犯没有说话，警察能认定嫌疑人有罪吗？”

事实胜于雄辩，我们都很清楚：沉默不代表有罪，嫌疑人有权保持沉默。

08 诉诸势力

——人在屋檐下，是不是必须低头？

二十几年前，凌霄就读的中学，提出了一条奇葩规定：所有的女生，必须留短发。

凌霄爱美，迟迟不肯剪发，结果遭到了班主任老师的训斥：“你不想被开除，就得遵守这一规则。”无奈之下，凌霄只好忍痛割爱，至今想起来，还觉得备受伤害。

这样的奇葩校规，的确令人咋舌。时代变迁，教育理念也在与时俱进，这样的校园规则在今天已经很少见到了。不过，与之相似的情形，却没有在凌霄的生活中消失。

国庆节假期的前一天，老板召开会议：“假期咱们只休四天，大家没意见吧？”

面对老板提出的加班要求，凌霄和其他同事一样，心里都很不乐意。可是，没有人当众提出抗议，对老板说："十一黄金周是法定节假日，国家规定要放七天假，加班的话必须支付三倍工资。"他们只是异口同声地回答："没有意见。"

前有凌霄所在学校提出的奇葩校规，后有老板提出的法定节假日缩减，他们都是以同样的姿态示人："如果你不想被开除或解雇，你就得遵守学校的规则或公司的安排。"这种情况，在逻辑学上被称为"诉诸势力"。

诉诸势力

诉诸势力，是指说服别人的时候，不是通过逻辑推理证明自己的观点，而是通过自己所拥有的势力、权力，乃至武力，迫使别人屈服。

面对诉诸势力的情况，我们该怎么处理呢？是不是就得遵从老祖宗的忠告——"人在屋檐下，不得不低头"，别无他法了？这需要审时度势，根据具体情况而定。

就国庆节加班这件事而言，倘若老板和颜悦色地跟大家商量，告知近期公司业务繁忙，需要大家齐心协力、牺牲一点个人时间来成就集体的利益，那么在这样的情况下，老板就应该不算是诉诸势力，因为他在摆事实、讲道理，且是为了集体的利益，属于正常的说服。

倘若没有交代任何的原因和理由，老板就提出要缩短假期，而你已有其他安排，这时候，就可以去跟老板协商。需要注意的是，你想说“不”，就得拿出充足的理由，并且要讲究说话的方式方法！你可以私下找到老板，诚恳地说——

“我想跟您商量一件事情。我很想服从公司的安排来加班，可我之前和父母商量好了，国庆节要回家一趟，看望他们。我已经一年没有回去过了，父亲今年身体也不太好，他们都很想我，我也提前一周就订好了机票，您能准我假吗？下次公司调休时，我可以把这三天补回来，或者假期后每天多加一个小时班，把这几天的工作补回来，保证不影响进度。”这样合情合理的理由，老板多半也不会拒绝。

提出诉诸势力这一逻辑谬误，目的就是希望大家明白，“人在屋檐下，不得不低头”的选择需要审时度势，不能将其作为惯性选择。当一个人习惯性地选择“低头”和“屈服”，就很容易丧失自我、丧失自尊、丧失快乐。无关紧要的问题可以妥协，关乎人生大事的情况，还是需要敢于说“不”，为自己据理力争一下。

09 诉诸后果

——服兵役上前线的概率只有50%，你怕什么？

相传，美国曾因参战需要，想动员大批的年轻人入伍，可是美国青年过惯了安逸舒适的生活，害怕战场上的危险，纷纷抵制征兵令。为此，地方的行政长官很苦恼，不知该如何向上级交代，其中俄亥俄州的地方行政长官，先后被参谋长联席会议主席狠狠地训斥了五次。即便如此，他仍表示无能为力，说自己已经尽全力，就是说服不了那些懦弱且意见纷杂的年轻人。

在这个节骨眼上，一位士兵毛遂自荐，说他可以帮助长官解决难题。行政长官半信半疑，但又没有更好的办法，就只好让这位士兵一试。经过一番准备后，这位士兵来到征兵现场发表演讲。

“亲爱的朋友们，我和你们一样，也特别珍惜自己的生命。我想说的是，热爱生命是无罪的，因为每个人的生命都只有一次。摸着良心说，我也十分厌恶战争，恐惧死亡，如果要求我去前线，我也会跟大家一样，逃避这项命令。”底下的年轻人见他说的话很“贴心”，便也安静下来，听他后续的演讲。

“有时候，我们需要换位思考。假如，今天我处在你们的位置，我在担心参军的危险之余，还存在一种侥幸心理，且这种侥幸不是凭空的：如果我服兵役，上前线的概率是50%，那么还有50%的概率留在后方；即使上前线，我作战的概率是50%，还有50%的概率是成为某长官的贴身勤务员，留在安全区工作；万一我不幸必须扛枪上战场，那么我受伤的概率仍是50%；就算我不幸受伤，受重伤的概率依然是50%，还有50%的概率是轻伤，死神会眷顾我。所以，我有什么理由过分担心呢？

“也许你会说，万一运气不好受了重伤怎么办？我想告诉你，医生会帮助我们，从死神的手里夺回我们的生命。当然，如果运气糟糕透了，不幸为国捐躯，那么我的家人会为我感到骄傲，我的父母会被授予一枚特别的勋章，还能够领取一笔数额可观的保险金和抚恤金，邻居家的孩子们会把我当成英雄一样顶礼膜拜。当我作为一名勇敢的战士来到天堂时，说不定还可以见到万人敬仰的华盛顿将军！”

听完这些话，底下的年轻人受到了莫大的鼓舞，他们表示愿意赌一把。也许，他们是想成为英雄，被亲人、朋友、邻居铭记于心；也许他们是家境不好，想着万一为国捐躯，还能给家人留下一笔可观的抚恤金……不管怎样，他们真的被说服了。

这位说服了年轻人入伍的士兵，也因此得到了长官的重用。

从演讲方面说，这位发言者确实懂得换位思考的艺术，他所说的话也有一定的代入感和影响力。可是，从逻辑学上讲，我们却不得不将他称为“杠精”或“诡辩家”。因为，他的那番精彩演讲，存在着诉诸后果的谬误，话里话外都在弱化战争的危险，强调入伍的好处。

诉诸后果

诉诸后果，是指将支持或反对一个命题的有效性诉诸接受或拒绝此命题将产生的后果。仅仅因为一个命题会导致一些不受欢迎的结果，并不意味着这个命题是伪的；同样，仅仅因为一个命题会导致好的结果，也不能让它变成真的。

我们在判断一个论点是否可信时，用来作为判断依据的应当只是该论点的真假，或是真假的可能性，需要听取与分析的是支持或否定论点的事实与证据。至于该论点成立或不成立将会带来怎样的影响，相信或不相信该论点可能导致怎样的后果，都跟判断本身无关，都不能作为证明论点是否可信的依据。

现在，让我们详细分析一下演讲者的逻辑谬误：

①“如果我服兵役，上前线的概率是50%，那么还有50%的概率留在后方！”

这是不符合逻辑的！因为上前线的士兵与留在后方的士兵数量不是绝对的1：1，上前线的士兵人数肯定比留在后方的人数多，这就意味着，上前线的概率肯定要大于50%。

②“即使上前线，我作战的概率是50%，还有50%的概率是成为某长官的贴身勤务员，留在安全区工作！”

这也是一个谎言！因为上前线作战的士兵数量与留在安全区的士兵数量也不是相同的，前者的数量远大于后者，所以上前线作战的概率也是远大于50%。

由此可见，上前线作战的概率是很高的，而这也是美国政府征兵的主要目的。然而，演讲者却将其弱化成了“50%的概率”，这一数据有很大的欺骗性！另外，他所做的“不幸受伤”“受重伤”“为国捐躯”等假设，全部都是在强调相对较好的结果。毕竟，身亡后可以成为英雄，为家人留下抚恤金。

请记住这句话：结果的好坏，不能传递到原因。如果有人试图以讨好或不讨好的结果来说服你，他就犯了诉诸后果的谬误。因为他不是通过正常的逻辑来证明自己的观点，而是通过告知你会有怎样的后果，以达到引诱、哄骗、威逼等目的，最终让你屈服于他的观点。

CHAPTER 5

怎样逼近问题本质？

学会有效地提问

01 关联性
——逻辑学家是怎么买猫的？

一位经济学家和一位逻辑学家是好友，路上偶遇，相谈甚欢。这时，旁边传来了一阵叫卖声："卖猫，卖猫，祖传宝猫低价出售！"经济学家饶有兴致地询问了一下，卖家说："我的孩子生病了，要不是因为没钱给孩子看病，我才不会卖这个玩具猫，它是我们的传家宝！"

经济学家转过身，对逻辑学家说："老朋友，咱们俩来玩两个游戏，看谁能用最少的钱买到最大的实惠？"逻辑学家点点头，同意了。

经济学家仔细地看了看玩具猫，发现它通体漆黑，但猫眼格外闪耀，他想："这猫的身体可能是黑铁做的，但眼睛应该很值钱。"于是，经济学家跟卖家商量："我只要这对猫眼，给你300美元怎么样？"卖家欣然接受，经济学家得意扬扬地向老朋友炫耀："看，我只花了300美元，就买下了一对罕见的珍珠，你认输吧！"

逻辑学家没有回应，而是给了卖家200美元，买下了玩具猫的身体。经济学家正准备嘲笑逻辑学家时，只见逻辑学家示意他快点离开。两人来到了一条小巷，逻辑学家不慌不忙地从口袋里掏出小刀，轻轻地刮掉猫表面的黑漆，里面露出了一抹金色。

逻辑学家笑道：“果然不出所料，这只猫是纯金的！”

经济学家瞬间惊呆，问道：“你怎么知道这只猫是金子做的？”

逻辑学家说：“一只普通的玩具猫，怎么可能会用珍珠做眼睛呢？猫眼都那么珍贵了，猫身能是用破铜烂铁造的吗？”

逻辑思维是运用逻辑思考问题，有利于在对事物的表象进行分析后发现事物的本质。就买猫的故事来说，逻辑学家从猫眼推断出猫身的价值，恰恰是逻辑分析、推理的体现。同时，这也提醒我们，世界上所有的事物都是彼此联系的，这种联系不仅仅是外在明显的联系，还有内在本质的联系。

问题之间的联系

1.直接联系与间接联系

问题有表象和本质之分，有时我们看到的问题并不是真正的问题，彼此之间的关联也未必准确，这就是直接联系与间接联系的区别。

2.偶然联系与必然联系

偶然联系是指事物联系与发展过程中不确定的趋势，产生于非根本矛盾和外部条件，是不稳定的、暂时的、不确定的，属于个别表现。

必然联系是指事物联系和发展过程中一定要发生、确定不移的趋势，是比较稳定和确定的，是同类事物普遍具有的发展趋势。

3.主要联系与次要联系

主要联系对事物的发展起决定性作用，处于支配地位，次要联系则处于被支配地位。

4.本质联系与非本质联系

本质联系是事物内在的、必然的、规律性的、稳定的联系，对事物的性质和发展方向起决定性作用；非本质联系是事物外部的、表面的、偶然的、不稳定的联系，对事物的发展只起影响作用。这两种联系，也可以被称为内部联系和外部联系。

当多种问题同时存在时，一定要考虑各种问题之间的相关性。有些问题之间是有关联的，有些问题之间则不存在关联。对于有关联的问题，要作为一个整体去研究解决策略；对于不存在相关性的问题，要进行识别分类，以此提升解决问题的效率。

相关性≠因果性

逻辑思考中有一个致命“大坑”，即在分析问题时错把相

关性看作因果性。事物之间有相关性，并不能证明它们之间存在因果关系。有时两者之间的因果恰恰相反，或者两者之间根本没有因果关系。这种谬误让人无法准确地认识真正的问题，无法形成一条正确的逻辑线索。

我们经常会在生活中听到或看到这样的推理：

——“研究发现，越是成功人士，睡眠时间越短”；

——“研究发现，去医院越多，越容易生病”；

——“研究发现，儿童时期吃西蓝花越多，成年后的职业收入往往也越高”

——“……”

事实上，这些推理都存在严重的逻辑错误！

按照这样的说法：要是不睡觉，是不是就能变成富豪？就算生病了，也别去医院？现在赚钱少，是因为小时候吃的西蓝花太少？这里的每一个A和B都只是相关关系，但这种相关关系，是推理不出因果关系的！

把相关性与因果性混淆，是逻辑思考中的一个大坑，也是一件危险的事。尽管原因先于结果出现，但先于结果出现的还有许多其他因素，其中有一些并不是引发结果的原因。分析事物，一定要谨慎，不能把巧合的相关关系视为因果关系。否则的话，就会做出错误的判断。

02 因果关系

——太阳落山是因为保姆回家了吗?

有个孩子很喜欢思考，他注意到一个现象：每天早上，太阳都会升起，到了傍晚又会落山，不知道藏到什么地方去了。为了弄清楚太阳到底去了哪儿，这个孩子在每天太阳落山的时候都会盯着它。可是，无论怎么观察，他依然找不到问题的答案。

后来，这个孩子又注意到一件事，他家里的保姆阿姨，也是早上出现在他家，傍晚又离开，然后就不见了。孩子好奇地问：“阿姨，您晚上去哪儿了？”保姆说：“阿姨回家了。”

就这样，孩子把保姆阿姨的来去和昼夜循环联系在一起，得出了一个结论：“太阳落山是因为保姆阿姨回家了。”

孩子的想法颇具童真的味道，但这样的逻辑错误，却不只是发生在孩子的头脑中。

——“大量人员死亡的原因是强烈的地震。”

——“大雪导致了铁路交通的瘫痪。”

你有没有意识到，这两句话的共同之处在于：把事件的结果归咎于某一个原因，从而忽略了其他的因素。以地震的例子来说，房屋倒塌是造成人员伤亡的直接原因，建筑质量低劣也是根源之一；再以铁路交通瘫痪的例子来说，大雪是一个客观因素，但能源供应不足、铁路运力不足、应急能力不足等，是不是也要考虑其中呢？

过度简化因果关系

在对一个事件进行解释时，依赖并不足以解释整个事件的具有因果关系的因素，或者着意强调这些因素中的一个或多个因素的作用，就犯了过度简化因果关系的谬误。

很多时候，事件的发生是许多共同起作用的原因联合起来的结果。换句话说，是这些原因共同起作用，形成了事件发生所需要的整体环境。

“小学适龄儿童中抑郁症的发病率增速惊人。”

就上述事件而言，新闻记者采访了各路专家，最后综合专家的意见，指出引发这一现象的主要原因有：遗传因素、同龄人之间流行的取笑戏弄、父母疏忽大意、电视新闻里泛滥的恐怖主义和战争、缺乏信仰、学习压力过大……总而言之，这些原因中的任何一个因素，都可能导致小孩患上抑郁症，但我们不能说某一因素是唯一的原因。

从某种意义上讲，几乎所有的因果解释都可以过度简化。所以，当被问及某一件事发生的原因时，哪怕我们所提供的答案并不包含所有可能的原因，也是说得过去的。

既然我们已经认识到过度简化因果是一种逻辑谬误，在通过因果关系得出结论时，就要让其尽可能包括足够多的因果因素，让对方知道你并没有将因果过度简化；或者，你还可以向对方说明，你在结论中所强调的因果关系，只是众多原因中的一个，但不是唯一。

03 替代原因

——有没有其他原因可以解释事件的发生？

古玛雅人通过反复观察，发现农作物生长是需要雨水的：雨水少时，庄稼的收成明显减少；不下雨时，简直就是寸草不生。这可怎么办呢？不下雨的时候，该怎么求雨呢？

现在我们都知道，抽取地下水可以解决灌溉的问题，但这个办法超出当时玛雅人的能力范围。他们选择了一个既糟糕又无效的方法——活人献祭。只要出现旱灾，就有人自愿淹死在乌斯马尔、奇琴伊察等地的天然水井中。除了人以外，许多珍贵的物品也被扔进井里。他们认为这样做可以取悦自己信奉的神，让神吩咐身边的少女将水瓶里的水洒向地面。

在献祭了几个活人后，天真的下雨了。因此，玛雅人得出结论：献祭有用。

于是，再遇到不下雨的时候，玛雅人就选择献祭活人。当他们接受了这个错误的通则后，就没有任何东西可以阻止神权政治以各种理由、为了各类神及其他特殊目的来献祭活人。

在此之后

当两个情况接连发生时，尤其当它们不断接连发生时，人们不禁会认为，是前一种情况导致了后一种现象。这种想法完全没有可信度，也是一种错误的思考，叫作“在此之后”。

想到那么多年、那么多的玛雅人，因为“在此之后”的谬误而丧失了性命，实在令人感到可悲。或许两个事物之间存在必然联系，但在因果关系成立之前，我们必须确认，在去除这一原因之后，结果还能不能在不违反某些公认的一般原则的前提下继续存在？

萧伯纳向来吃素，同时他也是一个伟大的剧作家。可是，当我们也选择吃素时，我们就能成为伟大的剧作家吗？这两件事是独立变量，而不是相关变量。不然的话，吃上一年素，我们的写作能力就可以因此得到提升了。

在工作或生活中，如果有人向你指出A和B之间有相关性，并假设它们为因果关系时，请务必思考一下：“还有没有替代原因，可以解释这种联系？”

替代原因

替代原因，就是用一个合理的解释，来说明为什么一个特

定的结果会发生。

关于某一事件的发生，或是对某一结果的解释，我们找出的任何一个单独的原因都可能是引发事件发生的其中一个原因，而非唯一的原因。事物相关不能证明存在因果关系，两件事情紧挨着发生，也不一定能证明两者之间是因果关系，还有可能是巧合。

04 洞悉本质

——为什么邻居会如此不懂礼貌?

露丝刚刚搬到一个新的地方。这段时间，她经常看到一位年轻邻居的背影，她总是坐在花园里，无所事事。露丝心里不禁纳闷：这个女人年纪轻轻，怎么什么事情也不做呢？不出去工作，也不打理花园，整天这样待着有意思吗？

已经不止一次，露丝向这位年轻的邻居打招呼，但对方表现得并不是很热情，只是朝露丝摆摆手。明知道露丝在花园里忙活，也没有说过一句“要不要帮忙”之类的寒暄话。邻居给露丝留下了一种很不懂礼貌的印象，她以后都不想主动和这位邻居讲话了。

如果你是露丝，可能也会有同样的感受，觉得这个邻居太过冷漠。在感慨之余，内心可能还存有一丝疑惑，为什么邻居会这么冷漠呢？

也许，你的脑海里已经闪过一些不同的答案。无论怎样，先不要急着下定论，试着深入思考几个问题：为什么邻居整天都坐着？为什么她打招呼时也不站起来？如果只是因为懒的话，那么久坐也会感到累，她不需要起来活动吗？思考完这些问题，你是否又会有新的想法？

其实，上面的这个故事并没有讲完。不久后的一天，露丝无意间经过邻居的门口，恰好从另外一个角度看到了邻居，她忽然发现，原来那位邻居只有一条腿！

任何事物的背后总有原因，但真相不一定都是我们表面上看到的那样。所以，不能只看问题的表面，也不要凭借主观意识去判断事实真相，要对问题相关的资料进行大量搜集。只有经过客观的研究才能做出准确的判断，只有客观的人才能接近事实和真相。

05 追踪思维

——多问几个“为什么”意义何在？

有一次，通用汽车公司下属汽车制造厂的总裁收到了客户寄来的一封信，对方在信中抱怨说，他新买的通用汽车，只要从商店买香草冰激凌回家就无法启动，如果买其他种类的冰激凌就不会出现这样的问题。有人觉得，这问题不在车子本身，可能是香草冰激凌的问题。

制造厂总裁对这封信也感到费解，想不出什么好的解决策略，就只好派一名工程师前去查看。当晚，工程师就随着这个车主去买香草冰激凌，果然在返回时车子无法启动了。工程师百思不得其解，回去向总裁汇报说问题确实存在，但一时间还无法确定是什么原因导致的。

在总裁的嘱托下，工程师随着车主一连两个晚上都去买冰激凌。车主分别买了巧克力和草莓两种口味的冰激凌，结果车子都可以正常启动。可到了第三个晚上买香草冰激凌时，车子又跟原来一样，出现了发动机熄火的现象。虽然工程师没有找到真正的原因，但他敢肯定绝对不是香草冰激凌引发的问题。

这件事情引起了汽车制造厂的关注，总裁要求工程师一定要查明原因。在几次随车主外出的过程中，工程师对日期、汽车往返的时间、汽油类型等因素都做了详细的记录。最后，工程师发现了一些关键的线索：问题可能与买冰激凌所花费的时间长短有关。

香草冰激凌只是一个偶然的因素，因为它是最受欢迎的一种口味，售货员为了方便顾客购买，直接把它放在货架前，买的人用最短的时间就可以买到，而这个时候汽车的引擎还很热，无法使产生的蒸汽完全散失掉。如果买其他冰激凌的话，时间相对长一些，汽车就可以充分冷却以便启动，所以就不会出现发动机熄火的情况。

为什么车子停很短的时间就无法启动呢？经过工程师的进一步调查研究发现，问题出在“蒸汽锁”上。虽然这是一个很小的细节，技术难度也不大，可却严重影响了客户的使用。经过反复思考，工程师终于解决了这个问题。

追踪思维

追踪思维，也叫因果思维，是一种按照原思路刨根问底，穷追不舍，用心寻找那些经常被人忽视的地方，以及不引人注意的线索，直至找出某些问题最终原因的思维方法。

任何时候，头痛医头脚痛医脚，都不是解决问题的良方，透过现象看到本质才是关键。这也告诉我们：无论在工作还是生活中，都要多用心，多思考，多问几个为什么。

5-WHY 法

在探寻问题本质的时候，我们可以利用 5-WHY 法。这种方法最初是由丰田佐吉提出的，是指对一个问题连续多次追问为什么，直到找出问题的根本原因。

问：“机器为什么不运转了？”

答：“因为保险丝断了。”

问：“保险丝为什么会断？”

答："因为超负荷导致的电流过大。"

问："为什么会超负荷？"

答："因为轴承不够润滑。"

问："为什么轴承不够润滑？"

答："因为油泵吸不上来润滑油。"

问："为什么油泵吸不上来润滑油？"

答："因为油泵产生了严重的磨损。"

问："为什么油泵会产生严重的磨损？"

答："因为油泵没有装过滤装置而使铁屑混入。"

经过不断追问，往往就能探寻到问题的本质。如果一个"为什么"解决后，就停止了追问和思考，认为换个保险丝就完事了，那么不久后保险丝还是会断，问题还会反复出现。

在使用"5-WHY"法时需要注意，虽然这一方法名为"5-WHY"，但在使用时并不限定只做5个"为什么"的探讨，也可以是6个、8个或者更多，确定次数的原则是：不断追问下去，直到问题没有意义。

06 事实断言

——你如何知道它是真的，能证明吗？

我们遇到的论证，几乎都涵盖着这些看法：

○ 过去是什么样？

○ 现在是什么样？

○ 将来是什么样？

立论者的目的，是希望我们将这些看法当成事实，并认同它、接受它。这些看法，有可能是假设，也有可能是理由，还有可能是结论，我们可以将其统称为“事实断言”。

当立论者把一个看起来无懈可击的“事实断言”摆在你面前时，你的第一反应是什么？是选择无条件地相信，还是选择仔细分析，看看这个结论有无疏漏？如果你选择的是后者，又该从哪些方面着手对事实断言进行验证呢？

面对事实断言，如果想要验证它，则需要提出并回答以下几个问题：

问题1：我为什么要相信它？

问题2：有没有证据来支撑这一断言？

问题3：证据可靠吗？

如果需要证据来支撑这一断言，而你没有看到证据，那么这个断言就属于孤立断言，即这一断言没有用任何方式加以证实。对此，你应当严肃地质疑孤立断言的可靠性，并进一步向立论者求证。如果有证据，为了客观地评价推理过程，你需要询问证据的效力。

有些事实断言，总是会比其他的事实断言显得更加可靠。比如：说“大部分美国参议员是男性”这一断言是真的，你可能没有太多的质疑；然而，要说“练习瑜伽可降低罹患癌症的风险”这一断言是真的，你可能就有点信心不足了。

对于绝大部分断言来说，我们想要证实它们是绝对的真理还是绝对的谬误非常困难，与其如此，不如询问它们是否真的可靠。通常来说，某个断言的证据数量越多、质量越高，可信赖的程度就越高，同时也越可以将这样的断言称为“事实”。

可能有人会问：有没有什么办法，可以帮助我们确定断言的可靠程度呢？

答案是：有！我们可以借助提问来实现。

问题1：你的证明是什么？

问题2：你如何知道它是真的？

问题3：你有什么证据吗？

问题4：你为什么相信它？

问题5：你能确信它是真的吗？

问题6：你可以证明吗？

当你养成了经常问这些问题的习惯，你就离批判性思考者之列不远了。这些问题要求提供论证的人进一步解释这些论证的基础，以证实其言论的准确性。

任何一个提出论证的人，只要他希望你认真思考这个论证，都会毫不犹豫地回答你这些问题。他们知道自己掌握了实质性的证据，可以证实其断言。所以，他们会希望你了解这些证据，并渐渐认同他们的结论。反之，对于出示证据这一简单的要求，如果对方表现得大发雷霆或躲躲闪闪，多半是因为他们感觉很尴尬、难为情。因为他们已经意识到了，自己没有足够的证据去支撑自己的某一看法和观点。

07 采樱桃谬误
——为什么广告里的话不能完全当真？

制作广告，最主要的就是为了吸引和劝说顾客购买。回想一下：生活中有哪些广告给你留下了深刻的印象，你是否完全相信了这些广告词？我想，即便我们的批判性思维能力还没有达到很高的水平，也知道广告所说的话不可尽信。

为什么广告里的话不能全部当真呢？

原因就是，有一些信息被刻意绕过或省略了！几乎所有的结论和产品都有一些积极的、美好的特质，当对方只想让我们知道他们想让我们知道的信息时，就会刻意强调那些积极的特质，而隐藏那些消极的信息。

采樱桃谬误

采樱桃谬误，也称隐瞒证据，是指像采樱桃那样专门选好的樱桃摘，比喻有选择性地说话，只呈现美好的部分，而把不利于自己的那些话藏起来。

广告词1：“试试‘欢乐时光’，它是医嘱治疗抑郁症的头号特效药！”

这家“欢乐时光”制药公司是不是比其他的制药公司给

了心理治疗师更大的折扣？是不是为心理治疗师提供了更多的免费试用药？这些信息我们不得而知，但它们对于抑郁症患者吃什么药却产生着重要的影响。

广告词 2：“我们的黄油由经过巴氏杀菌法处理的乳酪制成，这些乳酪全部取自经结核菌素试验的牛群，带给你健康与安心！”

几乎所有在美国出售的黄油都必须由经过巴氏杀菌法处理的乳酪制成，而这些乳酪都要取自经结核菌素试验的牛群，这是一条硬性的规定。可是，广告里没有说出这一点。

广告词 3：“现有优惠活动，首付只需购房全款的 10%，最低 20 万即可入住！”

最低20万即可入住的广告词，给买家造成了错觉，误以为房子真有那么便宜。

有些缺乏贷款买房常识的人，只看到“首付20万”就心动了，却没有认真计算：一套总价200万元的房子，交了20万元首付后，剩余的购房款要通过房贷的形式来支付，以20

年的还贷期限计算，每个月需支付13700元的贷款！

具有批判性思维的人十分重视独立思考，但如果做决策的基础是极其有限的一点信息，他们也很难保证做出合理的、正确的判断。这也提示我们，无论对方说出的理由多么令人信服、多么吸引人，都不能轻易相信，因为真相并不都存在于表面的信息中，我们还要去寻找那些被省略、被隐瞒的重要信息。

容易被忽视和隐瞒的信息

那么，什么样的信息最容易被忽略、被隐瞒呢？

1.真实的立场或价值观偏向

有些人往往会在第一时间表明自己的“中立”立场，隐藏起真实的想法，以增加自身言语的可信度，以求达到向他人灌输某种观点的目的。

在跟这样的人谈话时，我们务必注意对方是否刻意地隐藏了自己的真实立场和观点。为了弄清楚这一点，我们需要认真思考以下两个问题：

○ 不同的价值观的人在处理这一问题时，是否会有不同的方法？

○ 从与说话者、作者不同的价值观出发，会产生怎样的论证？

2.论证中所指“事实”的来源

有些人会列举案例来证明自己的观点，信誓旦旦地将其称为“事实”。然而，在强调这些“事实”百分百可信的同时，他们会有意无意地忽略这些事实的来源。我们不能轻易地被对方“笃定”的眼神和语气征服，而是要向对方发问：

○ 这些事实的来源是什么？

○ 事实断言是否有出色的研究或可靠的来源支撑？

3.获得“事实”的程序细节

如果对方向我们提供了“事实”的来源，是否意味着这个“事实”就是可靠的呢？

未必！我们还需要进一步探寻，了解获得这些“事实”的方式、步骤以及相关的细节，一旦发现对方有刻意隐瞒的迹象，就要提高警觉，对质疑处进行深度提问。

例如，当对方提到“事实”来自调查问卷时，你可以询问对方：

○ 有多少人参与了这份问卷调查？

○ 这份调查问卷的具体问题有哪些？

○ 被调查对象发现内心所想与问卷选项不相符时，他们是否有机会说出真实想法？

4.对方提供的数据和表格

数据和图表经常被用来作为证据，但不是所有的数据和图表都可信，一定要仔细观察是否有遗漏掉的或者不完整的数字、图表、表格等，并思考以下问题：

○ 如果数据包含早期或后来的数字，看起来是否有差别？

○ 作者有没有故意“放大”或“缩小”数字，让差异显得更大？

5.所提议的行动带来的负面效果

被提倡的行动会带来什么样的潜在负面效果，这一信息至关重要却常常被人忽视。

通常情况下，这些行动的提议都发生在支持者宣称自己的意见很好的语境之下，但我们不得不考虑是否存在负面效果：

○ 哪些人无法从所提议的行动中受益？谁会蒙受损失？他们有何意见？

○ 所提议的行动对我们的健康有什么影响？

○ 所提议的行动如何影响人与人之间的关系？如何影响人与自然的关系？

○ 所提议的行动是否存在潜在的长期负面效果？

例如，提议建设一所新型的学校，那么针对这一行动，我们要思考的是：建设这座学校是否会破坏所占区域的环境？新学校是否会影响周边社区的房价？新学校是如何筹集资金的？如果新学校吸纳了大部分拨付给当地学校的教育经费，是否会影响到其他学校？

有些时候，我们要求他人提供重要的缺失信息，但对方未必会给我们一个满意的答案，甚至有可能根本就得不到回答。对此，不必灰心沮丧，要知道几乎所有的论证过程所提供的信息都是不完整的，我们可以采取下面的处理方式：

○ 尽可能地搜集和挖掘出那些缺失的重要信息，越多越好。

○ 在信息缺失的情况下，通过权衡比较，作出相对更为优胜的条件性的判断，即相对而言，在……缺失的情况下，论证A比论证B更为可靠。

如此一来，即便最终没能获得全部的信息，那也是在尽自己最大努力的情况下作出的最合理的判断了。总而言之，想找出被忽略、被隐瞒的信息，除了保持冷静的分析和判断，还要掌握提问的技巧。细致的提问过程能让我们更快地接近事情的真相，因而在提问时可以试着添加限定条件，将问题问得细致而具体，引导对方作出逻辑清晰、指向明确的回答。

CHAPTER 6

什么是
正确的推理？

前提
真实且
形式有效

01 直言三段论

——黑格尔哲学是马克思主义的灵魂？

大明白给小糊涂讲逻辑学，谈到了直言三段论。

大明白："直言三段论，是借助于一个共同概念，把两个直言判断联结起来，从而得出结论的演绎推理：先列出陈述（通常是两段），也就是前提，大前提表示一般原理，小前提表示具体情况，在两个前提的基础上导出结论。"

小糊涂挠挠头，说："没听懂。"

大明白："这样吧，我给你举个例子阐述一下，就容易理解了。

大前提：所有哺乳类动物都是温血动物。

小前提：狗是哺乳类动物。

结论：所以，狗是温血动物。"

小糊涂："哦，那我知道了，我也来给你举个例子。

大前提：辩证法是马克思主义的灵魂。

小前提：黑格尔哲学是辩

证法。

结论：所以，黑格尔哲学是马克思主义的灵魂！”

大明白听得目瞪口呆，叹着气说：“直言三段论，不是想怎么推就怎么推……”

看到小糊涂的论断，是不是觉得荒谬至极？马克思主义的辩证法是唯物辩证法，黑格尔的辩证法是唯心主义的辩证法，虽然都叫“辩证法”，但根本不是一回事儿！

论证是一门学问，有不可违背的规则，只有符合规则的三段论，得到的结论才是可靠的。直言三段论之所以能够从前提必然地推出结论，是因为它以直言三段论的公理（不证自明的道理）作为依据。直言三段论的公理，是客观事物的最一般、最普遍的关系在人们意识中的反映，是在人类亿万次重复的实践中被总结出来的，且不断为实践所证明。

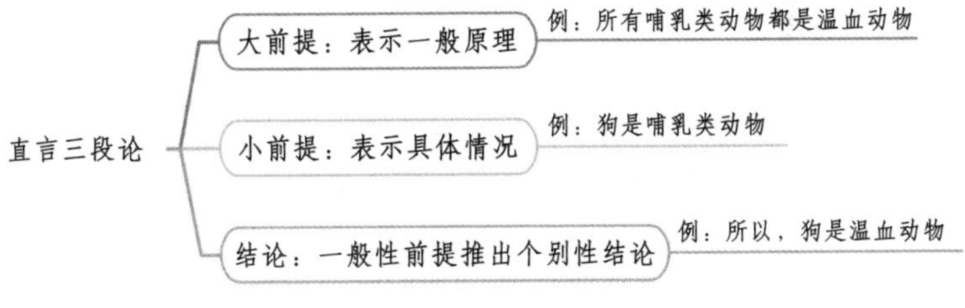

如果违背了直言三段论的规则，就很容易出现以下几种谬误。

四概念谬误

在一个三段论中，有且只能有三个不同的概念，如果把两个不同的概念当作同一个概念使用，以致在三段论中有四个概念，就犯了四概念的逻辑错误。

大前提：物质是永恒不灭的。

小前提：恐龙是物质。

结论：所以，恐龙是永恒不灭的。

“恐龙是永恒不灭的”这一结论，就犯了四概念谬误。两个前提中的“物质”所指的不是同一对象：大前提中的“物质”是哲学上的物质概念，指在我们的意识之外且不依赖于我们的意识的客观存在；小前提中的“物质”是指具体的物体，指一般物质的具体形态。

不当周延

如果在结论之中，有一个用语提到了整个类别，那指向结论的证据必然会清楚地告诉我们这整个类别。如果一个论证破坏了这个规则，那它就犯了不当周延的谬误。

大前提：所有的白天鹅都是天鹅。

小前提：所有的白天鹅都有白色的羽毛。

结论：所以，所有的天鹅都有白色的羽毛。

在这一论证中，前提只提到了整个类别中的某一部分（所有的白天鹅都是天鹅类别的某一部分），但是结论却涵盖了该类所剩下的部分（所有的天鹅，既包括白天鹅也包括黑天鹅），这就是不当周延的谬误。

双否定前提

在三段论中，两段前提为证据，结论由前提推演而来。如果两段前提都是否定的，则不能据以有效地推出结论，这种谬误被称为双否定前提谬误。

大前提：不喜欢吃甜品的人是瘦子。

小前提：有些抽烟的人不喜欢吃甜品。

结论：所以，有些抽烟的人是瘦子。

这个三段论看起来很简单，但其中的逻辑很不靠谱。前面两个否定的前提，并没有说明抽烟者的任何问题。有些抽烟的人是瘦子，可能是因为身体健康出了问题，和吃甜品没有关系。

生活中有些人经常会采用让人更容易相信的事实，以塑造具有说服力的否定式句型，比如提及一些大家都知道的事——“没有被免职的人是细心的”“没有领导人是懒惰的”。但，无论他们摆出什么“花样”，我们都要记住：如果两段前提都是否定的，就不能据以有效地得出结论，至于对方说了什么内容，不用耗尽心思去琢磨。

02 机械类比

——东施效颦的笑话是怎么闹出来的？

春秋末年，越国有一位知名的美女，名叫西施。

西施长得亭亭玉立，婀娜多姿。有一天，她突发心痛病，胸口疼痛难忍，便用手按住胸口，愁眉蹙额，从村里走过。村里人见她那副表情，觉得比平日更有一种妩媚的风姿。

同村的丑女东施，听闻大家赞扬西施的美貌，误以为是由于西施愁眉蹙额的缘故。于是，她也效仿西施的模样，故意用手按住胸口，紧皱眉头，慢吞吞地从村里走过。

没想到，村里人见到她这副样子，都表现出嗤之以鼻的态度，称她是丑人多作怪，不忍直视。有一位不怕得罪人的老妇人，当着东施的面挖苦她说："你皱眉的时候，眉头上的皱纹太深了，再捂住胸口弯着腰，跟个老太婆一样！"

东施本是想效仿西施的美态，结果为什么会惨遭失败，还被人当成了笑柄呢？

原因在于，东施只知道西施按住胸口、皱着眉头的样子好看，却不知道西施的美是客观存在的，不是按住胸口、愁眉蹙额所致。她无视自身的条件，生搬硬套，效仿西施病态的动作，上演了一出笑话。从逻辑学上来说，东施犯了机械类比的谬误。

机械类比

将两个性质完全不同，仅仅表现有某些相似的对象进行类比，就叫作机械类比。这种类比方式违背了类比推理的规则，推出的结论并不可靠，甚至结论本身就是错的。

类比推理是推理的一种形式，即根据两种事物在某些属性上相同或相似，通过比较而推理出两者在其他属性上也相同的推理过程。不过，类比推理的运用要符合一定的条件：

只有当人们已经具有两种事物一定的知识，确知两种事物之间有一定程度的联系，才能从已知的相同属性，推断它们的其他属性也可能相同。

如果两个对象完全是“风马牛不相及”，或两个对象的共同属性与推出的属性没什么联系，就不能运用类比推理。倘若有人胡搅蛮缠，非要把不相关、不具可比性的事物生拉硬扯地放在一起作比较，我们该怎么处理呢？

用来类比的东西，原本就不可能是同一个东西，不同的东西肯定有不同的地方，而这个本质上不同的地方，就可以用来攻击类比不当！所以，当对方试图用机械类比诡辩时，我们可以按照对方的类比发展下去，直至得出荒谬的结论！

假设对方说：“乌龟只有把头伸出壳外，才能向前进；公司只有愿意冒险，才能有发展。”你不认同对方的观点，那就可以顺势反问对方：“按照这样的类比，是不是公司也应当像乌龟一样，行动时要缓慢，遇到危险就要把头缩进壳里呢？”

简而言之，类比是一种表达思想、进行说服和教育的有力工具，但在运用类比推理的过程中，类比前后的事物必须有尽可能多的共性，且两事物的本质属性与结论之间也要具备一定的必然联系，不能将没有联系、不具可比性的事物生拉硬扯地放在一起做类比。

03 预设谬误

——如果前提站不住脚，结论靠得住吗？

清朝乾隆年间的才子庞振坤，为人机智幽默，留下不少的趣闻。

有一回，庞振坤得罪了当地的财主，对方就设计了一个圈套陷害他，称庞振坤家里养的“贼”，偷了自己的东西。跟随差役去衙门的路上，庞振坤向熟人要了一个纸盒，套在头上，把脸遮住，只留着两个眼睛。

到了衙门的大堂，庞振坤对县官说：“家里养了贼，实在没脸见人，这才用纸盒遮住。”

县官问那贼：“这是你的主人？”

贼说：“是的。我在他家已经三年了。”

这时，庞振坤问那贼：“我庞振坤没什么名气，但我这个庞大麻子是远近闻名的。你在我家里住了三年，你说说看，我是大麻子还是小麻子？是黑麻子还是白麻子？”

贼愣了一会儿，心想：我得说一个“活话儿”！于是，那贼回答道："你的这个麻子，不大不小，不黑不白。"

庞振坤笑着取下纸盒，说："县太爷，您看看我脸上，哪儿有麻子？"

见真相暴露，那贼不打自招，结果被判了诬陷罪。

庞振坤的机智可见一斑，他向"贼"提了一个巧妙的问题："我是大麻子还是小麻子，是黑麻子还是白麻子？"不管"贼"怎么回答，都得承认"庞振坤的脸上有麻子"！

生活中有一些论证是依赖于假设的，即用那些被认为理当如此的、有力的预设或背景信念来论证。但是，如果论证一个存在争议的信念理当如此时，它就犯了预设谬误。

预设谬误

预设谬误，是指预先假设一个未经证明或虚假的前提，并在该前提下进行看似合理的推理。然而，如果假设本身存在问题，那么结论自然也不成立。

常见的预设谬误，通常有以下几种，我们要学会鉴别。

1.争议前提

——"今天世界上没有人真正幸福！因此，似乎人类并非为幸福而存在。我们为什么还要期盼这无可寻得的事物呢？"

当前提存在争议时，结论是真假不定的。

上述论证的前提是"今天世界上没有人真正幸福"，试问：这个前提是可靠的吗？不，它存在争议，需要认真论证一番，甚至有可能是错误的。所以，这个论证无法证明人类并非为幸福而存在，也不能证明我们不该期盼幸福。

2.复杂问句

——“我是大麻子还是小麻子，是黑麻子还是白麻子？”

复杂问句，是指以问句预设了某些假设为真的方式来询问。这种谬误询问了一个只能够用“是”和“否”来回答的问题。当一个问句是复杂的，且掩藏着多个预设时，就必须逐个否定，不然就会导致对其他假定的肯定。

3.虚假选言

——“一瓶溶液，要么是酸性的，要么是碱性的！”

虚假选言，是指选言推理中的选言前提虚假。最常见的情况是，选言前提没有穷尽，也就是选言前提中，没有把可能的几种事物全都列举出来。在上述的选言前提中，就漏掉了“溶液是中性的”这一可能，因而是有误的。

4.窃取论题

——“为什么中国人喜欢说谎？”

窃取论题的谬误，是指要求听者直接接受结论，而不给出任何真正有价值的证据，故意隐去某个重要却存在争议的假设。

以上述论题来说，应该先论证“中国人是否爱说谎”这一论题，然而，说话者直接把“中国人爱说谎”这个命题作为事实来提问，之后只能就“为什么”来作答，而不去论证“中国人是否爱说谎”，这就是窃取论题。

5.例外谬误

——“狗是友好的动物，我的杰克是一只狗，所以杰克是友好的动物。”

当一个论证判定某个情况符合某个普遍规则或原则，而事实上这是一个例外情况时，这个论证就犯了例外谬误，属于削弱论证的一种预设谬误。

“狗是友好的动物”是真的，但这个规则对于杰克来说并不适用。据邻居反映，那只名叫杰克的狗，近期前后咬伤了主人的2位朋友，还有3名路人。狗主人的那番说辞，根本就是赤裸裸的诡辩。

我们应当谨记一点：人们在推理的时候，往往会基于某些假设，但大多数情况下，这些假设并不显示推理的理由，而被当作隐形的前提。由于其隐形功能，当最基础的前提出现很小的问题时，并不容易被人察觉。所以，一定要当心有些人利用预设谬误来进行诡辩。

04 假言推理
——警察对嫌疑犯的指控有什么问题？

某天上午11点左右，一位富商乘坐敞篷车行驶到中心大厦时，突然有人在10秒内向其连开5枪，其中有3颗子弹击中了富商的要害。案发后，警察根据弹道轨迹确定，枪手是在中心大厦五楼进行射击的。经过一番排查，警察最终逮捕了一个名叫马克的嫌疑犯。

马克：“凭什么抓我？我是大厦的工作人员！有什么证据证明人是我杀的？”

警察：“案发当天11点钟，你在五楼逗留，这足以证明一切！”

马克：“那天我在五楼办理业务，五楼的人那么多，为什么说我是凶手？”

警察：“我们发现，你之前用‘苏珊’这个假名字购买了一支65毫米卡宾枪，这说明你早有预谋！”

马克：“我的证件丢了，苏珊是我太太，我以她的名义买的，这有什么问题吗？难道有枪的人就是凶手？”

警察：“我们调查了你的档案，发现你曾经获得过

射击比赛特等优秀射手奖。只有你这种精于射击的人，才能在10秒内连开数枪。种种迹象表明，你就是杀人凶手！”

警察摆出了证据，马克却矢口否认。法庭上，马克的律师将警察的指控全部驳倒，最终法官认定，警察的指控缺乏证据，马克被无罪释放。

马克为什么会被无罪释放呢？原因就是，警察的指控站不住脚，在推理时没有遵守假言推理中必要条件和充分条件推理的基本规则！

所谓假言推理，就是前提中有一个假言判断，并且是根据假言判断前后件的真假关系进行推演的推理。现实中经常用到的有两种，一是充分条件假言推理，二是必要条件假言推理。

充分条件假言推理

充分条件假言推理，就是前提中有一个充分条件假言判断，并且是根据充分条件假言判断前后件的真假关系进行推演的推理。

推理规则 1：肯定前件，就要肯定后件；否定前件，不能否定后件。

推理规则 2：肯定后件，不能肯定前件；否定后件，就要否定前件。

根据上述的两条规则，可得出两个有效的推理形式：

√ 肯定前件式：如果P，那么Q；P，所以Q。

例：“如果下雨了，地面就会湿；下雨了，所以地面湿了。”

√ 否定后件式：如果P，那么Q；非Q，所以非P。

例：“如果他是案犯，他就有作案时间；经调查他没有作案时间，所以他不是案犯。”

在“如果……那么……”的论证结构中，“如果”的部分是前件，“那么”的部分是后件。通常来说，前件是来证明后件的，且两者不能颠倒。我们可以肯定前件，也可以否定后件，这都说得通。但是，否定前件和肯定后件，就会出现谬误。

× 否定前件式：如果P，那么Q；非P，所以非Q。

例：“如果下雨了，地面就会湿；没有下雨，所以地面不会湿。”

× 肯定后件式：如果P，那么Q；Q，所以P。

例：“如果要出国留学，就得学英语；他学英语，所以他要出国留学。”

必要条件假言推理

必要条件假言推理，就是前提中有一个必要条件假言判断，并且是根据必要条件假言判断前后件的真假关系进行推演的推理。

推理规则 1：否定前件，必须否定后件；否定后件，不能否定前件。

推理规则 2：肯定后件，必须肯定前件；肯定前件，不能肯定后件。

根据上述的规则，可得出两个有效的推理形式：

√ 否定前件式：只有P，才Q；非P，所以非Q。

例："只有油箱里有油，汽车才能正常发动；油箱里没有油，所以汽车不能正常发动。"

√ 肯定后件式：只有P，才Q；Q，所以P。

例："只有年满 18 周岁，才有选举权；小张有选举权，所以小张满 18 周岁。"

在运用必要条件假言推理时，最容易犯的逻辑错误是肯定前件式与否定后件式：

× 肯定前件式：只有P，才Q；P，所以Q。

例："只有油箱里有油，汽车才能正常发动；油箱里有油，所以汽车肯定能正常发动。"

× 否定后件式：只有P，才Q；非Q，所以非P。

例："只有肥料充足，庄稼才能长得好；庄稼长得不好，所以肥料不充足。"

前案分析

了解了假言推理的规则后，让我们回到"警察指控马克枪杀富人"的案例中，来分析一下为什么法官认为警察的指控缺乏证据。

指控1:

“只有当时在五楼的人才是凶手，马克当时在五楼逗留，所以他是凶手！”

违背必要条件假言推理的规则，犯了“肯定前件”的谬误，错误雷同于：“只有油箱里有油，汽车才能正常发动；油箱里有油，所以汽车肯定能正常发动。”

指控2:

“只有精于射击的人才能在10秒内连开5枪，马克曾得过优秀射手奖，所以他是凶手！”

理由同上，违背必要条件假言推理的规则，犯了“肯定前件”的谬误。

指控3:

“凶手有65毫米卡宾枪，马克有这样一支枪，所以马丁是凶手！”

违背充分条件推理的规则，犯了“肯定后件”的谬误，错误雷同于：“要出国留学，就得学英语；他学英语，所以他要出国留学。”

假言推理反映了事物情况之间的条件关系，应用假言推理，我们能够由某个事物情况是否存在，推出另一事物情况是否存在。如上所述，警察给马克定罪的三个推理都不符合逻辑规则，既然证据不足，马丁自然就被无罪释放了。

05 二难推理
——学生该不该支付另一半的学费？

古希腊哲学家普罗塔哥拉依靠收徒讲学、传授论辩技巧、教人打官司为生。

一日，有个名叫欧提勒士的学生找到普罗塔哥拉，想跟他学习辩论术。普罗塔哥拉听闻后，说道：“跟我学习可以，但是要收取学费。你的学费可分两期支付，一半学费在入学时支付，另一半学费在你学成之后，即第一次出庭胜诉后再交付，你同意吗？”

欧提勒士答应了老师的要求，两人签订了合同。

按照规定，欧提勒士先支付了一半学费，并很快就学完了全部课程。普罗塔哥拉一直等着欧提勒士交付另一半学费，但欧提勒士似乎并不把合同放在心上，学成后一直不肯出庭替人打官司，当然也就不交另一半学费。普罗塔哥拉忍无可忍，决定向法院起诉，指控欧提勒士拖欠学费。

庭审前，师生双方进行了一场辩论。

普罗塔哥拉：“如果你胜诉，你就应该按照合同规定支付另一半学费，因为这是你第一次出庭并胜诉。如果你败诉，就必须依照法庭的判决，支付我另一半学费。总之，不管你胜诉还是败诉，你都得付我另一半学费。”

欧提勒士：“老师，你错了！恰恰相反，如果你跟我打官司，无论我胜诉还是败诉，都用不着付你另一半学费。如果我胜诉了，根据法庭的判决，我当然不用付另一半学费；如果我败诉了，那么我也不用付另一半学费，因为我们的合同规定，第一次出庭胜诉后，才付给你另一半学费。”

在辩论过程中，师生两人互不相让，争论不休，但谁也无法说服对方。负责这个案件的法官和陪审员也被难倒了，迟迟不能作出判决，这就是历史上著名的“普罗塔哥拉悖论”。

在这场辩论中，普罗塔哥拉与欧提勒士，都运用了二难推理。

二难推理

所谓二难推理，就是在论辩的过程中，只列出两种可能性，此外别无选择，迫使论敌从中作出选择。无论对方选择哪一种可能性，结果都对他不利。这样就迫使论敌陷入进退两难的境地，从而落入自己的控制之中。

在二难推理中，两种可能性（即两个假言前提）全都是虚假的，前后件没有必然的联系。这个假言前提的设置，都是诡辩者从自己的利益出发，让论敌陷入进退维谷的境地。

就普罗塔哥拉和欧提勒士的辩论而言，他们的立论都是错的，因为违背了逻辑学上的“同一律”规则，概念及判断混乱，是非标准不统，可谓彻头彻尾的诡辩。

普罗塔哥拉的二难推理
- 如果欧提勒士打赢官司，按照合同，他应付我另一半学费
- 如果欧提勒士打输官司，按照判决，他应付我另一半学费
- 无论欧提勒士是否打赢官司，他都应付我另一半学费

在普罗塔哥拉的推理中，第一个假言前提是不真实的，前件与后件不存在必然联系。

欧提勒士打赢了这场官司，推不出“按照合同，他应该支付所欠的另一半学费”。合同规定的“欧提勒士第一次出庭打赢官司”，指的是他以律师身份帮别人打赢官司，而不是他以被告身份打赢官司。

欧提勒士的二难推理
- 如果我打赢官司，按照判决，我不应支付另一半学费
- 如果我打输官司，按照合同，我也不应付另一半学费
- 无论我是否打赢官司，我都不应付另一半学费

在欧提勒士的推理中，第二个假言前提也是不真实的，推不出结论。

这场官司胜诉与败诉的区别就在于“给不给付另一半学费”，如果欧提勒士输掉了官司，就要支付另一半学费。不然的话，败诉的“着力点”在哪儿？没有对象，胜诉败诉无

从谈起。

综合来看，师徒二人的二难推理采取的是不同的标准：一个是法庭判决，一个是合同约定。两个标准各有利弊，他们都是以对自己有利的标准为自己辩解，所以才会得出针锋相对的结论。倘若都用一个标准来判断，那案子就不复杂了。

06 滑坡谬误
——上不了好学校，将来就会学坏吗？

印度电影《起跑线》中，凭借自己的努力上升为中产阶级的拉吉夫妇，为了让孩子接受好的教育四处奔忙。拉吉的妻子米图，特别不愿意让孩子重复他们年少时的读书经历，一心想让孩子远离他们曾经受教育的学校，每次丈夫拉吉对孩子上学的问题发表与她不一致的言论时，米图就会抓狂，哭丧着脸，周而复始地开始那一段经典的碎碎念：

“孩子上不了好的幼儿园，就进不了好的中学；进不了好的中学，就没法考上好的大学；考不上好的大学，就不能进入跨国公司找一份好工作……这样孩子就会被同伴撇下，那孩子就会崩溃，最后孩子就会学坏，然后吸毒……”

每次听到“吸毒”这样的结局，拉吉就会被妻子吓得不行，赶紧认同她的想法。然而，屏幕外的我们，却是哭笑不得：这位女主角把中产阶级为子女上学之事产生的焦虑，以及她那糟糕至极的信念，演绎得淋漓尽致。搞笑之余，也是令人感慨。

就算孩子上不了好的幼儿园，最后的结果就一定是学坏并吸毒吗？当然不是！可是，在女主角米图眼里，这却成了一种必然，而她那一连串的“碎碎念”，在逻辑学上叫作滑坡谬误。

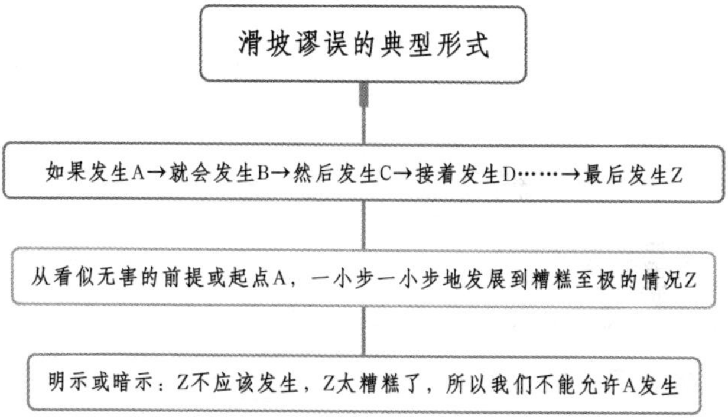

为什么说上述的推理是一个谬误呢？不是因为支撑论证的因果链条太长，毕竟在现实生活中确实存在这样的情况，即一连串的复杂因果相互关联，从第一个原因出发得到了极端的结果，蝴蝶效应就是一个典型的案例。

滑坡谬误

滑坡谬误的真正问题在于：每个“坡”的因果强度是不一样的，有些因果关系只是可能，而不是必然；且有些因果关系很微弱，甚至是未知的、缺乏证据的。即便A真的发生了，也不意味着会一路滑到Z，不能说明Z必然会发生。所以，在没有充足的证据之前，不能认定极端的结果必然会发生。

如果在生活中有人故意利用滑坡谬误展开言语攻击，我们该如何应对呢？

1.回归效应

回归效应，类似于波峰波谷中间的横线，无论波动起伏是什么样，都要以这条线为基准，走到极端意味着要回归正常值了。所以，在对方推理的时候，一定要把握好“回归”的时机，不能任由“无理的推理”越走越远。

2.集中议题

集中议题，是指一次只讨论一件事。以实际生活为例，想要解决的是眼前的小事，那就不要总翻旧账，一路滑坡就扯得太远了。

滑坡谬误在某些情况下产生的说服力是不可小觑的，它可以把许多不相干的东西掺杂进来。所以，当有人试图用这一谬误进行诡辩或言语攻击时，要多运用回归效应和集中议题，理清思路，切勿被对方的“神逻辑”带偏，不自觉地将事情往最坏的地方联想，徒增焦虑。

07 无理假设

——至尊宝的深情告白可以兑现吗？

如果你看过《大话西游》，肯定对至尊宝的那段深情告白记忆犹新——

“曾经，有一份真挚的爱情摆在我面前，我没有珍惜，等到失去才后悔莫及，人世间最痛苦的事莫过于此。如果上天能够给我一个再来一次的机会，我会对那个女孩子说三个字：我爱你。如果非要给这份爱加上一个期限，我希望是一万年。”

这份告白听起来真挚动人，又带着丝丝的伤感与悔恨，实在令人感动。可是，感动之后呢？还是要面对错过与失去的现实。说到底，这不过是一种美好的假设，现实是无法改变的。退一步说，就算假设成真了，一切都能兑现吗？

无理假设

科学的假设是研究各领域不可或缺的方法，如果假设不科学的话，就会演变成一种极端的无理假设。人们在生活中很喜欢做无理假设，以此安慰他人、平缓情绪或表达悔恨。

生活中时常会曝光出一些与家庭暴力有关的话题，施暴者在实行暴力行为后，通常都会向受害者表达“忏悔”，大致的论调就是：“我不是故意的，再给我一次机会，我保证不再打你……”言辞之恳切，态度之真诚，往往就让受害者的心软了下来，继而选择相信。

后来的情况，又是如何呢？想必你也猜到了，绝大多数施暴者在下一次情绪失控时，依然还会重复过去的行为，甚至会变本加厉地殴打对方。他们当初的假设，完全是虚无缥缈的，假设之后，得到原谅之后，一切一如从前。

面对一些人悔恨时的假设，一定要保持冷静和理智的态度，切不可轻信和心软。要知道，那有可能是一种逻辑谬误，今天的你选择了相信，明天的你可能还要继续承受原来的痛苦。

08 推不出来
——和尚动得，为何我动不得？

鲁迅先生的《阿Q正传》中，有这样一处情节：

阿Q去调戏静修庵的小尼姑，结果遭到了对方的白眼。然而，阿Q开始为自己辩护，他给出的理由是：“和尚动得，我动不得？”

我们来看看这个论证——“和尚动得，我动不得？”暂且不说和尚是否真的动得，或是动不得；就算是和尚动得，他也一定动得吗？阿Q给出的论据，根本无法必然地推出结论。换言之，这个论据和论题之间，没有必然的联系。

推不出来

推不出来的逻辑谬误，通常有两种情况：一种是推理的形式有误；另一种是论据与论题不相干，即虽然论证遵守了推理规则，但由论据推出的却不是所要论证的论题。

古时候，有个人把孩子扔进河里，别人问他：“为什么要把孩子扔进河里？”

他回答说：“其父善游。”意思是说，孩子的父亲会游泳，所以孩子也会游泳。

很显然，这又是一个推不出的谬误：就算“其父善游”，也推不出“其子善游”的结论，两者之间缺乏有效的联系。

CHAPTER 7

论证的意义是什么?

有理有据地说服他人

01 沟通漏斗

——为什么要带着逻辑进行有效沟通？

阿苑心地善良，经常关心身边的家人和朋友，只是她传递出的那些善意，对方往往接收不到。

临近春节，阿苑看到孩子正在放鞭炮，担心鞭炮会炸伤孩子，就立刻上前阻止孩子玩。可是，孩子不领情，觉得阿苑小题大做，干涉自己的休闲娱乐，与阿苑发生了争执。

前段时间，阿苑看朋友沾染上了吸烟的习惯，趁着闲聊之际，抱着好心劝说朋友，说抽烟对皮肤不好，也影响身体健康，何况家里还有孩子。朋友听后，非但不领情，还认为阿苑是在指责她，不屑一顾地说："抽烟怎么了？好多女演员不都抽烟吗？"

类似这样的情境在阿苑的生活中出现过多次，她也不免会心生疑惑和郁闷：作为母亲，明明是为了孩子的

安全着想，他为什么不领情呢？作为朋友，我是出于关心和担忧才劝她不要吸烟，她为什么一脸嫌恶呢？难道是我做错了吗？

阿苑的初衷无须置疑，只可惜，她吃了不懂逻辑表达的亏。

逻辑表达能力强的人，可以清晰地把自己的所思所想传递给别人，让人顺着自己的思路走。反之，逻辑表达能力差的人，无法清晰地表述自己的想法和感受，说话没有重点，思路混乱，有时还会不恰当地转移话题；最常见也是最令人难忍的，则是自顾自地说，完全不考虑听者的感受，把双向的沟通交流变成了一场“独角戏”。

以发生在阿苑身上的两件事情为例：她在向孩子和朋友传递信息时，就是在一味地表达自己的观点，完全没有考虑到对方的立场和感受。这就使得，阿苑想要表达的初衷是A，而对方接收到的信息却是B，所以他们之间的沟通是无效的。

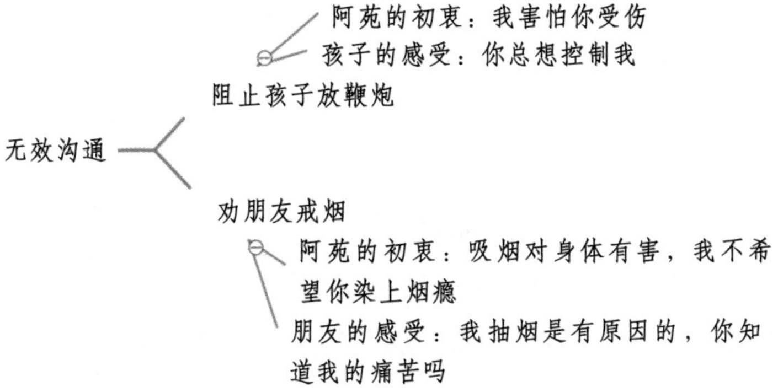

芭芭拉·明托说过："你期望用言语说服别人为你做什么，那么你首先要确定这样做对对方也有好处，否则对方一定不愿意这样去做。当你试图将某个观念灌输给他人的时候，你也要先确定这个观念能够被对方所接受，否则你所做的一切都只是无用功而已。"

这也提醒了我们，沟通要建立在对等的基础上。这种对等，不是强调身份、阶层、性格、教育背景等，而是指双方在心态和解读上应该是对等的。

有效的沟通，一定是双方相互交流、相互妥协的，如果有一方认为自己完全不需要与对方交流，也不必向对方作出任何妥协，那么沟通就没有存在的必要了，直接下达命令就好了。有时，就算我们做到了与对方平等交流，也不意味着可以完全把信息传递给对方。

沟通漏斗原理告诉我们：一个人心中的想法在传递过程中会不断被耗损，真正能被对方理解的内容还不足一半。有时候，你详尽地阐述了自己的一些观点，也认为自己说得很清楚了，但实际上你所传递出的有效信息，并没有预想中那么多。

沟通漏斗

人与人沟通时，一个人通常只能说出预想的 80%，对方听到的最多只能是 60%，听懂的则只有 40%，到执行时就只有 20% 了。换而言之，在沟通过程中，如果没有对每个环节进行干预，最后你想讲给别人的，到了别人那里，往往只剩

下很少的部分。

为了减少沟通无效的情况发生，降低沟通过程中的信息耗损，我们有必要掌握和提升逻辑表达能力！有逻辑地说话，意味着可以流利地表达出自己的想法和意图，把复杂的道理讲得简单明了，把浅显的道理说得清楚动听，做到言之有物、言之有序、言之有理、言之有情，既减轻听者的负担，又易被他人理解和接受。

要做到富有逻辑地表达，有四个要素必不可少：

要素 1：明确表达的主旨

明确表达的主旨，就是明确你想要说什么，这是让话语符合逻辑、彰显魅力的必备要素。

修订前："我觉得，张晓做事很认真，处处为同事着想，也有大局观，值得奖励。记得有一次，她为了帮我修改 PPT，都没有去参加同学聚会，为了这件事我还挺过意不去的呢！"

看到这番话，是不是觉得说的内容很多，但不清楚到底想要表达什么？

接下来，我们换一种富有逻辑的表达方式重新描述，看看有什么不同：

修订后："我觉得，张晓是一个有责任心的员工，不仅为公司和同事着想，在自己的岗位上也尽心尽力。所以，我支持她获得这次的表彰。”

对比可见，第二种表达方式，开口直接阐述观点，条理清晰，有理有据。

要素 2：把握说话的逻辑顺序

生活和工作中遇到的问题往往不是单一的，而是叠加在一起的，要是一股脑儿地全倒出来，会让人觉得杂乱无章，理不清头绪。此时，言之有序就显得格外重要。

方法1：按照事情的发展顺序来叙述。

根据时间、地点、人物、起因、经过、结果的顺序阐述问题，这样对方很容易理解。

方法2：按照事情的主次顺序来阐述。

假设你的工作没有完成，在向老板解释原因时，可以这样说：“我昨天加班到很晚，也没有完成这项工作。不瞒您说，这项任务的确有些棘手，很多地方我还没有想明白，也想着这两天向您请教，能梳理出一个更好的思路。”

要素 3：每句话表达的信息要完整

要保证沟通顺畅、表达清晰，说完整的句子是关键。如果句子不完整，很容易让对方产生误会。例如：“那天我交代你的事情，你完成了吗？”这句话就是不完整的，“那天”是指哪一天呢？“交代你的事情”具体是指哪一件事呢？

要素 4：让对方充分理解你的意思

进行逻辑表达是为了让对方充分理解你的意思，从而实现有效的沟通。

倘若用词不当，表达不明确，对方就会通过他自己的心理模式对你的话进行过滤式解读，导致两个人的信息不一致，继而产生误解。所以，在具体地表达出自己的观点、感受和需求之后，为了搞清楚对方是否完全明白了你的意思，还需要进一步确认，比如说：“不知道我是不是说清楚了。”听一听对方的反馈，再有针对性地进行解释和补充。

总而言之，在与他人进行沟通时，一定要事先明确沟通的目的、与沟通对象有共同的观点或愿景，同时与对方站在同一层面上。只有这样，才能确保沟通的有效性。

02 无足轻重
——抽烟会影响空气质量吗？

兄弟两人是双胞胎，一个长期吸烟，一个从不碰烟。

哥哥：“活了六十年了，你还没抽过烟，要不要尝一根？”

弟弟：“我才不要，烟又不是什么好东西。”

哥哥：“不抽拉倒，我自己抽。”说完，就点了一根烟。

弟弟：“你明知道我不抽烟，还当着我的面抽，真缺德。空气质量就是被你们这些烟民弄得越来越差，赶紧戒了吧，害人害己。”

哥哥：“瞧你说的，忒夸张了！抽烟怎么可能导致空气质量变差？空气质量差，是因为工业排出的废气，汽车排出的尾气，还有人类对大自然的破坏，跟我抽烟没关系。”

弟弟：“你一个人抽烟肯定没多大影响，可世界上每天那么多人抽烟，肯定会影响空气质量，这一点你不用争辩。”

哥哥：“照你这么说，全世界的人每天都要放屁，大家放的屁，是不是也会影响空气质量呢？”

弟弟：“当然，这都有影响。只不过，放屁是正常的生理现象，没办法控制。可抽烟不一样，是可以控制的，是可以戒掉的！”

……

两个人就这个问题，争论不休。

你认为，弟弟说的“抽烟会影响空气质量”符合逻辑吗？

也许乍听上去有点儿道理：每天那么多人吸烟，喷出来的烟积少成多，肯定会影响空气质量。可实际上，它并不符合逻辑，而是犯了无足轻重的谬误。

无足轻重

所谓无足轻重，就是指在辩论中，举出无足轻重的次要原因论证，遗漏了真正的主因。

通常，出现无足轻重的逻辑谬误的原因有两种：

一是列举的原因根本不能称之为原因，也就是说，这个原因本身是错的。

二是列举的原因只是原因之一，且无关紧要，不足以从本质上决定事物的发展。

以空气污染的问题来说，吸烟造成的烟雾并非空气污染的主要原因。事实恰如哥哥所言，工业排出的废气、汽车排放的尾气、人类对大自然的破坏，才是导致空气质量下降的“元凶”。

03 三点式结构

——“啰唆”到底是什么意思？

课堂上，学生提问说：“老师，‘啰唆’这个词语怎么解释？”

老师拿起粉笔，在黑板上慢慢地写了“啰唆”二字，接着慢腾腾地说：“啰唆，啰唆，就是讲话啰啰唆唆，拖泥带水，啰里啰唆，绵绵不断，唠叨不绝，没完没了。说一些没有价值的话，没有用的话，多余的话，就是言多。总得来说，啰唆的意思就是，说话不干脆、不利落。啰唆者，麻烦也；麻烦也，令人心烦、令人厌恶……你理解了吗？”

学生回答："嗯，从您的言谈中，我知道什么是啰嗦了。"

无论是正式场合还是非正式场合，说话都应当追求简洁、干净、利索，快速地切入主题，清晰地表达重点，而不是滔滔不绝地讲起来没完，耗费听者的时间和精力。冗长的论调，往往会让听者感到厌烦，如果表达再不连贯，更会被人认为说话没有逻辑。

人的记忆容量是有限的，在面对一堆杂乱无章的信息时，很容易感到困惑；如果对它们进行归类分组，就可以轻松地记住。

心理学家乔治·米勒指出：人类大脑无法一次性同时记住7个以上的项目，3个是最合适的。彼得·迈尔斯教授也有相同的观点，并提出了相应的策略："我们要求你严格将中间部分的讲话归纳为3个要点，即使你确定至少有17个要点需要阐述也是如此。3是广泛使用的数字。坦率地说，人们想要处理的事情是3类，容易学习和记住的事情也是3类。"

三点式结构

迁移到语言表达方面，我们叙述任何事情时都要力求用简洁高效的语言，将问题的核心、解决方案以及落地办法等关键性信息传递给对方，最好归纳在三条以内，如："我要说的有

三点：第一点是……第二点是……第三点是……”

一位妈妈在女儿婚礼上致辞时运用了“三点式结构”，既言简意赅，又令人印象深刻：“我想对女儿女婿说三句‘不是’：第一，婚姻不是1＋1＝2，而是0.5＋0.5＝1。婚后，你们都要去掉自己一半的个性，要有作出妥协和让步的心理准备，收敛自己的锋芒，容忍对方的锋芒。第二，爱情不是亲密无间，而是亲密“有间”，彼此相依相伴相支持的同时，也要留给自己和对方独立的空间。第三，家不是讲理的地方，而是讲爱的地方……”

在职场和商场上，“三点式结构”也是一个经常被用到的表达方式。

乔布斯在演讲时，总是在进入主题后立刻给出陈述的框架结构：“下面我将从三个方面对这个问题进行阐述……”2005年，他在宣布iPod突破性进展时说：“第一点是它超级轻便……第二点是我们开发应用了火线接口……第三点是它具有超常的电池续航时间。”

总体来说，“三点式结构”并不难，只是需要做一点儿准备工作。在开口表达之前，对想说的内容在心里进行一个全盘的规划，明确自己说话的目的、想要表达的观点，以及希望达到的效果。在整体把握后，再组织语言，归纳总结出三个要点。如此就可以让表达变得更加清晰而富有逻辑，吸引听者的注意力。

04 同构意悖
——怎样应对一个胡搅蛮缠的酒鬼？

在委内瑞拉的一个小镇上，某大汉酒后寻衅滋事，被人告上了法庭。他预感到法官要惩罚他，就选择先发制人，说："我想向法官提几个问题。"这一请求，得到了法官的允许。

——"我如果吃了沙枣，有什么不好吗？"

——"没什么不好。"

——"如果我再喝些水，有罪吗？"

——"无罪。"

——"然后，我躺在地上晒一会儿太阳，算不算犯法？"

——"不算。"

——"那为什么我喝了一点儿用枣加上水酿成的东西，然后在街上晒一会儿太阳，你们就说我有罪呢？"那人最后抛出了这一问题，质问法官。

法官想了想，没有直接回答他的问题，而是来了一番反问。

——“先生，现在我想向你提出几个问题，你能认真回答吗？”

——“你随便问。”

——“如果我向你泼一点儿水，会导致你受伤吗？”

——“不会。”

——“如果我往你头上倒一些黏土，你会致残吗？”

——“当然不会。”

——“那么我把这些黏土和水掺在一起做成砖头，再放在太阳底下晒一晒，然后用它打击你的头，会有什么样的后果呢？”

——“这肯定会打破我的头啊，还用问吗？”

——“虽然水和黏土都不会伤到你，但用水和黏土做成的砖头却会砸坏你的头；同样，喝点水、吃点沙枣不违法，但用这种枣和水酿成的酒，却会让你丧失理智、寻衅闹事、触犯法律。”

此时，大汉一句话也说不出来了，只好乖乖地听候法官发落。

生活中有一些不讨喜的人，在表达想法和意见时总是忍不住奚落他人，或是刻意提出一些“有问题”的问题去调侃他人。面对这样的情形，很多人不知道该怎么回应。其实，上文的故事中法官的做法，就是一个很好的策略。

法官非常清楚，跟一个蓄意胡搅蛮缠的酒鬼讲法律，就偏像“对牛弹琴”一样，没什么效用。索性，他就仿照大汉的语法结构和语调形式，表达出了与之相反的意思，让大汉哑口无言，并坐实了他酗酒肇事的罪名。法官所使用的这一策略，在逻辑学上叫作“同构意悖”。

同构意悖

仿照对方辩词的话语结构，建构一个与对方话语结构相同，但语意完全相悖的观点，并以此反制对方的方式，叫作“同构意悖”。由于是按照对方的话语结构和思维逻辑导出的结果，所以面对这样的反制，对方通常无以置辩，只能自食其果。

古希腊的雅典有一位聪明机智、能言善辩的演讲家，他四处发表演讲，雄心勃勃地猎取功名利禄。一日，他的父亲对他说：“孩子，你再这样下去，不会有好结果的。说真话吧，富人会怨恨你；说假话吧，穷人又会指责你。可既是演讲，不讲真话就得讲假话，所以，不是遭到富人的仇恨，就是遭到贫民的反对啊！”

演讲家听了父亲的话，笑答：“父亲，我会有好结果的。如果我讲真话，穷人就会拥护我；如果我讲假话，富人就会支持我。既是演讲，不是讲真话就是讲假话，可无论我讲什么话，不是得到穷人的拥护，就是得到富人的支持，我有什么好担心的呢？”

在运用同构意悖的策略时，无须考虑所使用的话语结构是否正确，是有效还是无效，只要跟对方的话语结构相同，就能达到反击的效果。因为我们不是为了重新“立”一个论点，而是要“破”掉对方的诡辩，达到“以子之矛攻子之盾”的效果。

05 稻草人谬误
——你说我今天好看，那我昨天不好看吗？

生活在森林里的小猴子卡尔，身边的朋友很少，它特别渴望交朋友。

有一天，卡尔到湖边喝水，刚好看到孔雀西子在对着湖面照镜子。

卡尔连忙跟西子打招呼：“嗨！你好！”

西子一向很傲慢，看了一眼卡尔，说：“你好！”转身就要走开。

卡尔很着急，忙拦住西子：“你今天看起来真好看，我能和你交个朋友吗？”

西子昂起下巴，笑着说：“你是说我今天好看，昨天就不好看了吗？”

卡尔哑口无言，不知道该怎么回答。它呆呆地站在原地，望着西子优雅地转身离去，嘴里喃喃自语：“嗯？昨天不好看吗？昨天也好看呀!”

小朋友读这则故事，感受到的可能是孔雀西子的傲慢或刁蛮无理。我们看这则故事，除了读出表层的意思外，还应当辨识出西子的话中存在一个明显的逻辑错误，即稻草人谬误。

稻草人谬误

稻草人谬误是一种比较常见的不相干谬误，是论证的前提与结论之间毫无逻辑关联的一种不当推理方式。在辩论过程中，为了反驳对方的立场，而歪曲、夸大或以其他方式曲解之，使得被攻击的不是对方的真实立场，而是更容易被批判或拒绝的立场，就属于稻草人谬误。

许多朋友见过庄稼地里的“稻草人”，它们穿着人类的衣服，远远看去就像一个“真人”。人们放置稻草人，是因为无法时刻守在庄稼地旁边，需要借助稻草人这个道具吓走飞禽走兽。了解“稻草人”的由来和用途，再理解逻辑学上的稻草人谬误就容易多了。

稻草人谬误的过程是这样的：A想要反驳B，就在B的旁边故意树立起一个稻草人代表对方，然后以攻击稻草人的办法来冒充对对方的反驳。稻草人谬误，通常并不是无心之过，而是刻意歪曲对方的论点。

案例呈现

甲：“我并不认为孩子应该在大街上乱跑。”

乙："把小孩关起来，不让他们外出活动，呼吸新鲜空气，那真是太愚蠢了。"

甲的观点是，孩子最好不要在大街上乱跑。然而，乙在反驳甲的观点时，却故意曲解，树立了一个稻草人——"把小孩关起来"。要避免孩子在大街上乱跑，有很多方法，甲从未提过"把小孩关起来"，显然这是乙犯的逻辑谬误。

妻子："结婚了就要和其他异性保持一定的距离。"

丈夫："那我还不能和别人说话了呀！"

妻子的真实观点是——"结婚后要认清自己的身份角色，和其他异性相处时要懂得避嫌"，而丈夫故意树立了一个稻草人——"结婚后不能和其他异性说话"，曲解妻子的原意。倘若妻子没有指出丈夫所犯的逻辑谬误，顺着对方的思路与之进行争辩，不仅要大费一番口舌，还可能无法达成共识，最后不知道把话题扯到哪里去了。

论证观点要对事不对人，紧紧围绕给定的论点论证。如果为了削弱对方的论点而故意歪曲其论证，就犯了稻草人谬误。想要在生活中最大限度地避免稻草人谬误，需要我们站在真实的立场去思考问题，秉持平和的心态，减少以歪曲、夸大以及其他的曲解方式来攻击他人更容易被批判或拒绝的立场，一切用事实和证据说话。

如果有人对你声情并茂地讲起某件事或某个人时，切记不要被那些扭曲的、颠倒是非黑白的语言影响！要知道，吓唬庄稼的那些"稻草人"，无论看起来多么逼真，也不是真实的人。我们要用正确的、理性的方式，去对待身边所见所闻的人和事。

06 预期理由
——为什么朋友不肯再借钱？

老张想向朋友借2万块钱，声称半年后连本带利一起还，利息是本金的15%。

这个利息并不低，但朋友并不买账，因为这不是老张第一次向他借钱了。朋友直截了当地回复说："我手里也没什么钱，况且你上次从我这里借的钱，还差2000元没还呢！"

老张脸不红、心不慌，神色镇定地说："放心，兄弟！这次呀，我一并都还给你，把这2000元也算在本金里，你看怎么样？"

朋友说："听起来是不错，但我怎么才能相信你？"

老张神秘地说："现在，我正跟别人合作一个项目，这个项目结束后，起码能赚二三十万，到时候你还怕我没钱还你？"

朋友笑了，说："你先把那二三十万赚到手再说吧！"

为什么朋友不肯再借钱给老张？

诚信肯定是一个重要的原因，但除此之外还有一个原因，就是老张把"没有发生的事情"拿来作为论据，企图证明自己有偿还能力。这种论证手段是一种典型的诡辩术，在逻辑学上叫作“预期理由”。

预期理由

预期理由是一种谬误，它在证明或反驳一个观点时，把真实性有待验证的判断作为论据，不具有可信度和说服力。

假设你读到了一条新闻：“用望远镜观察火星，可以发现上面有不少有规则的条状阴影，而这就是火星人开凿的运河，因此火星上是有人的。”你认为它可信吗？能否说出理由呢？

在上面的这句话中，“条状阴影就是火星人开凿的运河”这个前提是没有经过证实的，不知道真假，所以根本无法推断出“火星上有人”的结论，它犯了预期理由的谬误。

在现实生活中，尤其是在销售领域，预期理由经常会被拿来作为劝说客户的一种方法。

比如，有些销售员可能会对客户说：“您之前购买的这款产品，公司明年可能会调高价格，为了避免您在价格方面遭受损失，我建议您趁着价格未调整以前，赶紧订购半年的存货，这样的话，能节省不少的成本。”

对于一些严谨的科学问题，或是牵涉到自身利益的重大问题，我们一定要提高警惕，不要轻信预期理由。如果不牵涉道德品行，比如在营销和劝服他人时，也可以恰当地运用预期理由。毕竟，在某些情境下，这也确实是一种沟通技巧。

07 事实论据

——雨点从高空落下，怎么没砸死人？

当一个物体从高处落下时，由于地球引力充当重力加速度，物体下落过程中的速度会越来越快，动能也会越来越大，从高层上坠落的一颗鸡蛋也能把人砸死。为了避免高空坠物导致的伤亡事故，某小区多次提示业主要防范此类情况。

有一位素质低下的业主，明知道高空坠物有危险，却为了图省事总是随手往窗外扔垃圾。当被物业管理人员质问时，他要么不承认，要么无理搅三分："我就扔了一个塑料袋，至于吗？那雨水从几万米高空落下来，应该有很大的动能，怎么没把人砸死呀？"

面对这样的无理狡辩，用道理论据去解释，显然是无用的。与其跟杠精浪费口舌，不如摆出常规性的事实论据："你站在楼下，我从30楼上倒一盆洗脚水，会把你砸死吗？"

事实胜于雄辩

在逻辑学上，论据是用来证明论点的判断，是立论的根据，没有论据证明的论点是不靠谱的。论据分为两类：道理论据与事实论据。两者相比，事实论据更能客观真实地描述和概括事

物，比道理论据更有说服力，正所谓“事实胜于雄辩”。

论据和论点是证明与被证明的关系，因此论据的选用是有一定要求的，不是任何看起来能够解释论点的论据都可以随便拿来用。

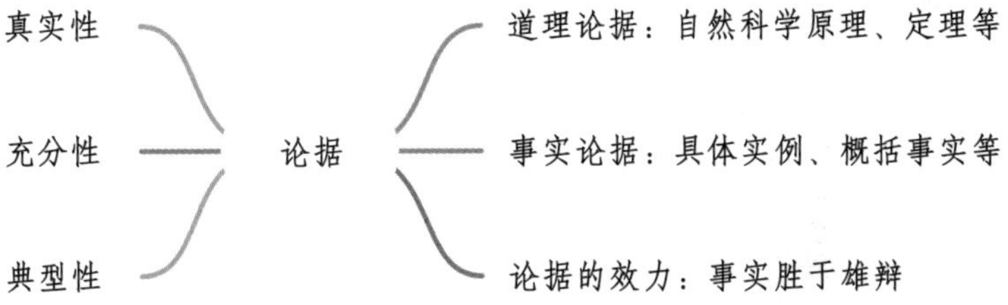

论据与论点要存在客观、本质性联系，这样才能正确地过渡。如果论据相对于论点，只是表面上的现象，或是论证人主观臆想出来的关系，两者之间没有关系，那么证明出来的论点就是不可靠的。与此同时，论据还必须是充足的，一个论点的多个方面需要不同的论据来证明，如果以少量论据概括多个论点，证明的论点就会是不可靠的。

08 善用数字

——怎样让表达更精准、更有说服力？

有一次在拿破仑检阅军队时，指挥官按照惯例跑到拿破仑跟前，他以清晰的口吻报告：“报告将军，本部已全部集合完毕。本部官兵应到3444人，实到3438人，请检阅！”

听到这样的报告，拿破仑非常满意，点头说道：“很好。”随即，他又对身后的参谋说：“记住这个指挥官的名字，数字记得这么准确的人应该受到重用。你们以后也要向他学习，汇报时尽量用精确的数字说话，不要说大概、也许、可能、差不多。”

在沟通表达时，如果你一直都是用文字来陈述，那么在看完这个故事之后，希望你能够树立一种全新的意识：在工作和生活中，学会用数字为自己说话。

用数字表达的优势

相比抽象的文字，形象具体的数字更适合运用在沟通之中。将数字形象化，通过数字的列举，可以带给对方直观、形象的感受，让对方在最短的时间内真正地理解你要表达的内容，从而实现快速有效的沟通。

假设，现在要为一则帮助贫困儿童的公益广告撰写文案，你认为怎样表达更合适？

最初你可能会想到，用语言来呼吁大家关注贫困儿童。然而，稍作思考你就会排除这种方式，因为它太过平淡了。无论是观众还是听众，对于你所讲述的事情根本没有概念，自然也就不会产生多少共鸣。可是，如果在陈述中融入数字，效果就不一样了。

“零下14度的天气，有5个孩子只穿着秋衣秋裤，有2个孩子连鞋子都没钱买。因为没有交通工具，每天他们要徒步10050米，花费3~4小时前往学校。他们的午餐是1个馒头，1包咸菜，1杯白开水……像这样的孩子，我们全国还有×××万……”

数字是真实的、具体的，可以让对方在脑海里形成清晰的图像，这往往比修辞更能给人留下深刻的印象。在沟通的过程中，如果能够巧妙地运用数字，可能只需要几句话，就可以精准地传达信息，实现沟通目的。现实中有不少成功沟通的案例，都可以证明这一点。

我国在申办2008年北京奥运会时，使用了一系列切实的数据，给投票委员们带来了不小的影响：“在4亿年轻人中传播奥林匹克理想”“通过了一个12.2亿美元的预算”“95%以上的人民支持申办奥运”“60万志愿者随时准备投入奥运会”“北京的财政收入增长超过20%”，等等。

看，这就是数据的力量，这就是铁一般的事实，比任何苦口婆心的解说都更有说服力。

注意事项

在运用数字进行表达时，有几个需要注意的问题。

1.确保数据的真实性和准确性

运用数据阐述观点是一种有效的沟通方式，前提是要保证数据的真实性和准确性。

如果所用的数据不够真实或准确，数据就丧失了意义。最为严重的是，一旦被对方发现数据存在虚假或错误，他就会认定你在欺骗和愚弄他。失去了信任感，将导致沟通无法继续。

2.使用数据要适可而止

数据可以在恰当的时候很好地说明一些问题，但也要适可而止，不能滥用各种数据。过于频繁地使用数据，会让对方感到麻木甚至厌恶，反而难以达到预期的沟通目的。

3.数据储备要适时地更新

数据是不断变化的，在列举数据的过程中，不能把数据看成是一成不变的，要根据实际情况的变化，不断更新数据储备。

09 融入假设

——观点的说服力较弱时，该怎样弥补?

有句话你可能听过："世上没有如果，只有结果。"

这句话是在提醒我们，要学会接受现实。可即便如此，我们还是忍不住在某些时刻对自己说："如果……。"庆幸的是，这也并非一件绝对的坏事。在逻辑学上，如果自身的观点说服力较弱，可以加入假设来作为支撑。

为什么在表达时加入假设，可以增强说服力呢？

假设的效用

1.假设可以丰富话语

当你说了一个已经存在的事实之后，可以利用假设来讲一些虚拟的事实和想象的状况，以此来增强感染力。例如：话说到一半“卡壳”时，不妨说“如果……就……”“要是……就……”“只有……才能……”，或者“让我们来想象一下……”这都属于假设。

2.假设可以活跃思维

创造力与想象力密不可分，当思想失去了想象力，就会变得刻板而没有活力。在思考问题和表达观点时，如果总是“一根筋”，听起来就显得很呆板、死气沉沉。倘若展开想象与假设，就能够跳出狭隘的格局，让思维活跃起来。

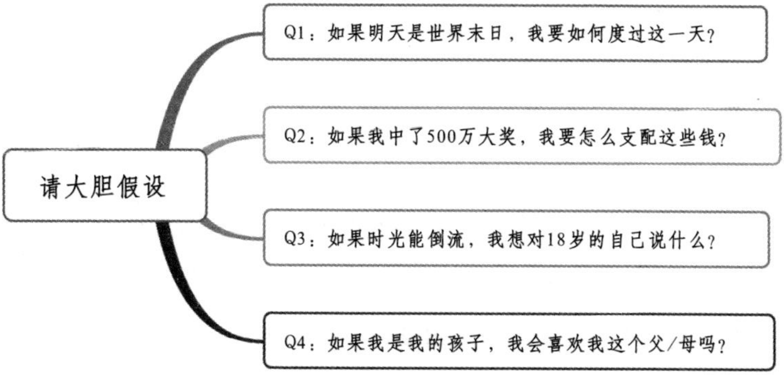

上述的这些假设，看似都是不切实际的想象，可当你真的用心去思考它们的时候，你是在跟自己进行深度的连接，并可以借此探寻到心中最真实的想法、最在意的东西、最迫切的希望、最渴望满足的需求等。当然，还可以展现出你的见识与格局。

可能有些人会质疑：自由奔放的想象与严谨周密的逻辑思维，不是对立的吗？

其实，这是一种错误的认知：逻辑思维是指遵循客观规律和主观思考的思维方式，想象作为一种思维活动，必然也有其内在的思维规律性。更何况，想象不是漫无边际的胡思乱想，而是需要满足逻辑自洽性的合理假设。

你去看科幻小说时会发现，虽然作者凭空假想出了一个虚拟的世界，但那个世界依然有其内在的逻辑，小说里的任何一个情节都经得起自圆其说的考验。如若破绽百出、前后矛盾、不合逻辑，谁会浪费时间去读它呢？

3. 假设可以增强说服力

没有人能够轻易地被另一个人说服，除非他愿意，而愿意的原因是——趋乐避苦。

人都会追求自己喜欢的东西，同时也有逃避痛苦的倾向；两者相比，逃避痛苦的驱动力更强。假设之所以能够增强说服力，就是因为它能够展现诱惑或威胁。

一个真实的假设，往往能够让某些情形灵动地呈现在眼前，让真理浮出水面。

学会以假设作为前提和基础，无论面对什么样的状况，

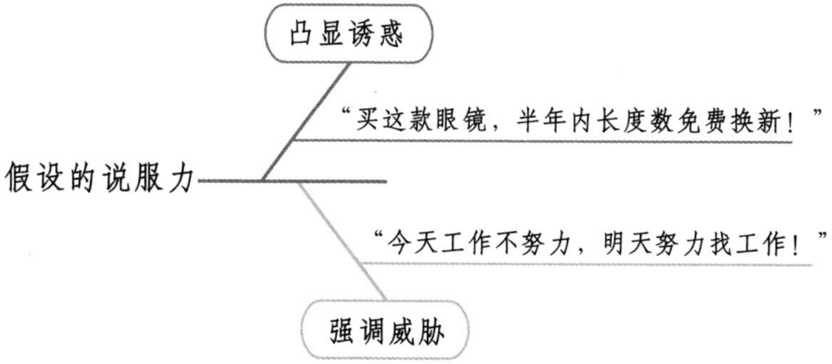

都可以有条不紊地分析问题，而不至于陷入困境。同样，在表达观点时融入假设，也更容易说服他人。

在此需要重申的是：千万不要把假设和结论混为一谈。假设是由数据和信息建立起来的，它不是事件的结论。只凭空地进行假设是没办法解决问题的，要在对假设进行验证的过程中，不断对其进行推导，得出相应的结论，才能解决问题。

CHAPTER 8

怎样实现创意思考？

灵活运用思维方式

01 求易思维

——把哪位科学家扔出热气球最合适?

一家杂志社曾经举办过一项有奖征答活动，奖金很高，题目颇有趣味：

一个热气球上，载着三位关系着人类命运的科学家。第一位是粮食专家，他能在不毛之地甚至在外星球上，运用专业知识成功地种植粮食作物，使人类彻底摆脱饥荒；第二位是医学专家，他的研究可拯救无数的人，使人类彻底摆脱诸如癌症、艾滋病之类绝症的困扰；第三位是核物理学家，他有能力防止全球性的核战争，使地球免于遭受毁灭的绝境。由于载重量太大，热气球即将坠毁，必须丢出去一个人以减轻重量，使其余的两人得以存活。请问，该丢出去哪一位科学家?

征答活动开始后，社会各界人士广泛参与，一度引起了某电视台的关注。在收到的应答信中，每个人都绞尽脑汁，发挥自己丰富的想象力，阐述他们认为必须将哪位科学家丢出去的原因。那些给出高深莫测的妙论的人，并没有得到奖金，最终的获奖者是一个14岁的男孩。他给出的答案是——把最胖的那位科学家丢出去！

长期以来，我们接受的普通教育和大多数训练都指导我们把握每一个可变因素，找出每一个应对方案，分析问题的角度应尽可能多样化。久而久之，我们就习惯了一种定式思维：最复杂的就是最好的。复杂化的问题从小就开始伴随着我们，成为我们生活和工作的一部分。

实际上，很多事情很简单，是我们把它们想得太复杂了。就上述的例子而言，当热气球由于载重量太大即将坠毁时，必须丢出去一个人以减轻重量，那么“重量”就是与目标最相关的因素！所以，最该丢出去的人，显然就是三位科学家中体重最大的那一个，这是解决问题最直接、最有效的选择。

美国通用电气公司前CEO杰克·韦尔奇说过：“你简直无法想象让人们变得简单是一件多么困难的事，他们恐惧简单，唯恐一旦自己变得简单就会被人说成是头脑简单。而现实生活中，事实正相反，那些思路清楚、做事高效的人们正是最懂得简单的人。”无论是在生活还是工作中，具备求易思维都很重要，因为它能立刻让我们找到问题的关键，让问题迎刃而解。

化繁为简

逻辑思维的本质，就是化繁为简，找到解决方法。所谓化繁为简，就是把重复、不相关、不重要的因素全部剔除，只保留与目标最相关的因素，并将它们按照叙事性的逻辑结构重新组合。

在我们做过的事情中，可能有很大一部分是没意义的，真正有效的活动就只是其中的一小部分，而它通常隐含于繁杂的事物中。为此，我们要学会从简单的地方入手，找到关键部分，去掉多余的活动，利用简单的手段解决复杂的问题。

为了提高效率，在做一件事情前，我们应该先问三个“能不能”：

○ 能不能取消它？

○ 能不能把它与别的事情合并起来做？

○ 能不能用更简便的方法来取代它？

上述的三个问题，为我们化繁为简提供了一个可靠的思路。

无论做什么事，最简单的方法，就是最好的方法。追求简单，事情就会变得越来越容易；反之，一味追求复杂，任何事都会对我们产生威胁，让我们感到棘手，精力与热情也会跟着下降。

02 触类旁通
——思维卡壳的时候该怎么办？

18世纪50年代，意大利罗马有一位知名的医生，名叫奥恩德尔克。他救下过许多垂危的病人，因而声名远扬。有一回，奥恩德尔克为一名患者诊断病情，经过仔细检查后，却没看出对方得的究竟是什么病。因此，他只好让患者留院观察。

几天以后，患者突然死亡。奥恩德尔克十分不解，为了弄清楚原因，他申请了尸体解剖。结果发现，这名患者的胸腔严重化脓，胸腔中全是脓水。他认为，是自己的失职导致了患者死亡，因而决定找出彻底根治这种病症的方法。

一日，他看到经营酒业的父亲正在用手敲打装酒的坛子，根据不同的声音判断酒坛中所盛酒的容量。看到这一幕，他有一种豁然开朗的感觉——人的胸腔和酒坛，不是很相似吗？用敲击的方法，能不能查出胸腔中是否有积水呢？

很快，奥恩德尔克就把这种设想运用到了临床试验中。经过大量的临床验证，他终于成功找出了胸腔疾病与敲击声音变化之间的关系，发明了“叩诊”这一著名的医学诊断方法。

人的思维能力，或多或少都会遇到“卡壳”的时候，这也是我们常说的思维障碍点。遇到这样的情况时，不能选择“在一棵树上吊死”。

世界上的很多事物之间存在或大或小的差别，同时也存在或多或少的联系。通过有逻辑地归纳，并对已经掌握的知识进行区分，可以逐步构建起比较完整的知识脉络，并发展出众多的思维方法，从而让自身的思维能力得到发展，攻克思维定式。

奥恩德尔克借由“用声音判断酒坛中所盛酒的容量”，联想到“用敲击的方法检查人的胸腔中是否有积水”，继而发明了“叩诊”的方法，这种思维方式叫作触类旁通。

触类旁通

触类旁通，是指掌握了某一事物的知识或规律，进而推知同类事物的知识或规律。

触类旁通是一种思维方式，也是一种解决问题之道，它能够让我们在处理问题时实现化繁为简、事半功倍的效用。通过分析、归纳、总结，从一个个具体的事例中得到一套可被普遍使用的方法，然后去处理接下来的问题。实际上，这就是知识迁移的过程，把在事件A上学习到的经验、方法和规律，应用到事件B上，达到原有知识在不同场景的应用。

举个大家都熟识的例子：鲁班在砍伐树木时发现，无论多么锋利的斧头，经过使用后都会变钝，致使砍伐效率降低。后来，他在林中穿行时，无意间被一片树叶划伤，仔细观察这片树叶后，鲁班发现叶子之所以能够轻而易举地划破皮肤，是因为叶子边缘有一排细密的锯齿。由此，鲁班联想到：能不能将一个薄片边缘做成锯齿状，增大摩擦力来划开树木呢？结果，我们都知道，鲁班发明了锯子。

在日常生活和工作中，如果我们能够从一件事情想到另一件事情或者是多件事情，由一个方法想到另一个方法或者多个方法，不仅可以锻炼横向思维能力，也可以提升应变能力。

03 组合思维
——为什么说组合的力量是强大的？

A和B是两个饥饿的行者，他们得到了一位好心人的救助，分别得到了一篓鱼和一根鱼竿。在得到礼物后，两人就分道扬镳了。

得到鱼的A，找了干柴搭起篝火，美美地吃了一顿烤鱼。一篓鱼原本也没有多少，很快他就吃光了，最终没能逃脱被饿死的结局。得到鱼竿的B，日子也不好过，忍饥挨饿地走到海边，还没钓到鱼，就已经精疲力竭，在饥饿和疲惫中死去。

后来，又有两个饥饿的行者C和D，他们也得到了那位好心人的救助。他们获得的礼物，与A、B一样，也是一篓鱼和一根鱼竿。不过，他们没有分道扬镳，而是选择并肩前行。

C和D先是烤了两条鱼，补充体力。然后，带着剩下的鱼和那根鱼竿，去寻找大海。途中，饿了的时候，他们就烤一条鱼吃，有了力气后再继续赶路。

经过一段时间的长途跋涉，C和D终于来到了海边，过上了靠捕鱼为生的日子。几年后，他们两个人都盖起了房子，各自也有了家庭、子女，还有自己的渔船。

单一的资源和力量是有限的，“组合”才能走得更远。

组合思维

组合思维，就是把多项貌似不相关的事物通过想象进行连接，从而使之变成彼此不可分割的、新的整体的一种思考方式。

组合思维的形式有很多种，具体如图所示：

- 组合思维
  - ❶同类组合——如：双人自行车、双层文具盒
  - ❷异类组合——如：香味橡皮、音乐贺卡、钢筋混凝土
  - ❸重组组合——如：折叠自行车
  - ❹共享组合——如：吹风机、卷发器、梳子共用同一带插销的手柄
  - ❺补代组合——如：银行卡代替存折、拨号式电话改成键盘式
  - ❻概念组合——如：阿波罗登月计划

组合思维能够把我们日常熟悉的东西重新组合并构成一个未知的、富有新意的事物。这种思维方法通常可以创造出新的事物，虽然简单，却很有效。

美国加利福尼亚的一家小工厂，把小温度计和汤匙组合，取名为“温度匙”，它可以在喂养婴儿时方便地看出汤匙里的液体的温度，大受母亲们的欢迎；日本的一位理发师将推剪和小吸尘器两部分组合成一种新型的理发工具，使剪下来的头发立刻就被吸尘器吸走，减少了碎发的残留。

组合不是偶然的巧合，是思维的积极发散；组合不是简单的加法，而是一种创新。

苹果公司的创始人史蒂夫·乔布斯曾指出，创造力就是“把事物连接”。想要养成组合思维，需要我们平日里多留意、琢磨和分析身边的事物，破除思维定式，对事物在空间上进行拓展思考，多方位、多角度地探索组合的可能性。

04 逆向思维
——怎样解决拍集体照闭眼的问题？

拍摄集体照的经历，大家都有过。通常来说，照相的姿态不会有太大的问题，最难的就是，在按下快门的那一刻，保证所有人都睁着眼睛。因为在看集体照时，我们总会发现有个别人的眼睛是“眯着”的，当事人看了很不爽：为什么把我拍得那么丑？

回顾一下拍照的过程：一般的摄影师都是喊“1、2、3”，提示大家要拍照了，然后再按快门。但人总是要眨眼睛的，在调整了位置后，再喊“1”和“2”，很多人就已经坚持不住了，到“3”的时候，上眼皮就找到下眼皮了。

有一位摄影师说，他拍集体照，就很少出现这样的情况！他的思路跟其他人不一样：先让所有拍照的人都闭上眼，听他的口令，也是喊“1、2、3”，当他喊道“3”的时候，所有人要一起睁开眼。这样的话，照片冲洗出来，很少有人闭着眼睛，且大家的眼睛比平时睁得更大、更精神！

任何事物都有多方面的属性，如果只看到熟悉的一面，而对另一面视而不见，会陷入思维的死角。若是懂得逆向思考，反其道而行，往往能够出人意料，给人带来耳目一新的感觉。

逆向思维

逆向思维，是对司空见惯的、似乎已成定论的事物或观

点反过来进行思考的一种思维方式。

与常规思维不同，逆向思维是反过来思考问题，是用多数人不曾想过的思维方式去思考问题。运用逆向思维去分析和解决问题，就是以“出奇”实现“制胜”。所以，逆向思维的结果往往会令人大吃一惊，别有所得。

需要说明的是，在采取逆向思维的时候，有两个关键的问题需要特别注意。

问题1：要深刻认识事物的本质

所谓逆向，不是简单的、表面的逆向，不是别人说东，我偏要说西，而是真正从逆向中做出独特的、科学的、令人耳目一新的、超出正向效果的结果。

问题2：坚持思维方法的辩证统一

正向与逆向原本就是对立统一的，不可完全分割。所以，在采用逆向思维时，也要以正向思维为参照、为坐标进行分辨，才能显示其突破性。

05 换位思维

——如何有效地降低争执的概率？

苏珊在跟客户沟通推广方案的事情，但客户时不时地提出新想法，这让苏珊感到很无奈。忍了两次之后，苏珊终于控制不住情绪，开口表达自己的意见。

苏珊："您这样做很容易导致工作延时。"

客户："啊？我自己的方案自己不能改？"

苏珊："我们很专业，经验丰富，请您放心。"

客户："我是甲方，是我出钱，不得我做主吗？"

……

就这样，双方陷入了拉锯战。

你觉得问题出在哪儿呢？是苏珊太强势，还是客户太苛刻？

这场争执的关键在于，沟通双方都缺少换位思维，没有站在一起共同解决问题。苏珊尝试解决的问题，是如何说服客户同意放权；客户尝试解决的问题，是如何说服苏珊同意自己修改方案。双方站在了对立面，解决的问题不一样，自然无法达成共识。

当我们与沟通对象之间存在意见分歧时，最好的办法不是去反驳对方的观点，或是强迫对方接受自己的意见，而是利用换位思考的技巧去理解对方，同时也争取获得对方的理解。

心理学家艾宾浩斯认为：换位思考是人与人之间的一种心理相互体验的过程，且这种设身处地、将心比心的心理转换是人与人之间达成理解的时候所不可或缺的心理条件。

换位思考

人是受直觉控制的，在思考的过程中，立足点总是以自我

为中心，这种思考模式很容易让思考陷入主观臆断中，有意无意地忽略许多客观的东西，进而导致思考产生偏差。换位思考，能够让人从自我这个主体当中脱离出去，进入客观世界，从而发现事物的全貌。

当苏珊和客户陷入拉锯战时，项目经理及时介入，化解了这场冲突。

经理："既然您选择了我们，一定是认可我们的专业。合作向来是求共赢，您的目标是以最好的形式推广品牌，我们也是希望如此。"

"是啊，我也是为了做好方案。"客户点点头，怒气未消地说道。

经理："请您理解。提意见是正常的，我建议您将大致的想法都理清楚，统一提出来。如果想到一条就提一条，容易混淆思路，导致方案不完美，这也不是您想看到的，是吧？"

客户的态度缓和了下来，不再那么咄咄逼人。

经理："所以，请您相信我们！当然，我们事先会询问您这边的建议，也希望您能够积极配合。"

"好哇，这样解决就好多了。"

项目经理之所以能说服客户，问题就在于他没有强调"我是对的"，而是站在客户的角度思考，原本双方可能出现的对立关系变成了"共同解决问题"的关系。通过这样的沟通，即便双方有分歧也会本着共赢的目的，共同解决一个问题，即"如何有效地降低合作风险"。这样一来，客户自然愿意配合。

当然了，不是每个人在沟通受阻时，都能够快速地进行换位思考，这是一种需要培养和训练的能力。另外，在进行换位思考时，也要讲究分寸和章法。

1.培养习惯

许多人有这样的感触：明明知道换位思考可以有效地处理意见分歧，却在关键时刻将其抛在脑后，事后才悔不当初。其实，这是因为没有养成换位思考的习惯。所以，平日里做任何事情都要考虑一下别人的感受或想法，久而久之习惯就会成自然。

2.思考结果

在换位思考之前，一定要清楚换位思考能够给自己带来什么样的结果。我们不能因为换位思考而放弃原本的利益，至多是将利益缩小或实现双赢。同时，还要思考清楚，站在对方的立场上做某件事情，是否会给自己造成伤害。如果存在这样的情况，那就应该立刻停止，这样的换位思考违背了初衷和预期的结果，没有存在的意义。

3.掌握分寸

凡事有度，换位思考也是一样。在分析问题时，不能太过主观，但也不能太过客观，如果忽略了自己的立场，那就本末倒置了。遇到需要换位思考的情况时，要从六个视角去思考：主观视角、客观视角、相关视角、发展视角、积极视角、结果导向视角。

换位思考是一种让人从另一个角度看自己的方式，如果不能脱离自己的视野，就容易被“第一人称视角”所困住，看不到死角，继而掉入“当局者迷”的陷阱。改变自以为是的立场，用他人的视角和思维去观察和分析问题，可以起到“旁观者清”的作用。

06 结构化思维

——思路清晰的人有什么秘诀？

下面有14个字母，请你试着在3秒钟内看完并记住它们。

a e f b g j k d c i h n l m

能记得住吗？现在我把它们的位置换一下，你再试试。

a b c d e f g h i j k l m n

将两组字母对比一下，你发现了什么规律？

同样都是14个字母，第一组背起来很费劲；到了第二组，只是把字母的位置进行了有序调换，但凡有过拼音或英文基础的，轻轻松松就能记住它们。

为什么后面的一组字母，比较容易记忆呢？这就涉及结构化思维的问题。

结构化思维

结构化思维，是指从整体思考到局部是一种层次分明的思

考方式，即借用一个思维框架来辅助思考，将碎片化信息进行系统化的思考和处理，从而扩大思维的层次，更全面地思考。

没有结构性的思维是零散、混乱、无条理的想法集合，而结构化思维是一个有条理层次、脉络清晰的思考路径。太多的信息会让大脑感到负荷太重，它更偏爱有规律的信息。

上述案例中的第一组字母是随机排列的，而第二组字母是按照26个英文字母的顺序排列的，结构上更有规律，更符合大脑的思维习惯，所以更便于记忆。

那么对于个人而言，结构化思维有什么作用呢？

1.将复杂问题简单化

结构化思维能够帮助我们更全面地思考问题，让我们的大脑在思考时，将复杂的信息进行梳理归类，并对问题进行拆解剖析，深入思考问题的本质。同时，还能把问题拆解成一个个简单的、可解决的问题单元，再对这些简单的小问题进行解决，最后把问题完全解决。

2.思维清晰，表达顺畅

结构化思维能够帮助我们在沟通、表达观点的时候更加清晰、流畅，让他人更容易理解我们的意思。如果我们在说话时多用一些“因为……，所以……”“第一……，第二……，第三……”，或者“在XX方面，应该……，在YY方面，应该……”等逻辑连接的词语，就可以让表达逻辑变得更加清晰。

3.帮助我们构建知识体系

知识体系是树状结构化的一个体系，有了知识结构后，我们后续的学习就是将一个个知识点往知识树中作为枝叶添加。特别是在互联网时代，信息过于碎片化，我们可以对大量的信息进行归类，再将其填入自己的知识体系中，以便更好地消化、吸收和利用。

总之，结构化思维与我们的学习、工作、沟通、问题解决紧密相关，具备结构化思维，学习和做事的效率都能获得显著提升。关于结构化思维的方法，我们有必要了解一下芭芭拉·明托的“金字塔原理”。

金字塔原理

金字塔原理是一种简单易操作的结构化思维方法，金字塔结构是由纵向结构和横向结构组成的。金字塔的顶端是需要解决的问题，中间层是支撑解决问题的不同方面，最底层是支持不同方面的原因或理由。

在训练结构化思维时，我们可以借鉴金字塔原理，其具体的表现形式有两种。

方法1：自上而下分解

在处理问题、与人沟通、撰写文章的过程中，如果我们能够建立一个框架，把零散的信息放进去加工整合，就能够得出方法与结论，这个框架就是结构化思维。

方法2：自下而上归纳

自下而上提炼结构，是一个先发散再收敛的思考过程，是为了提炼出一个结构完整、逻辑清晰的框架，来帮助我们系统地解决问题、回答问题。

结构化思维的两种方法没有优劣之分，遇到问题时，哪种结构能表达思考脉络就用哪一种。当我们掌握了结构化思维之后，思考将从无序到有序，从混乱到清晰，从低效到高效。

07 从零开始思考

——如何避免被现有的框架束缚？

某公司的负责人告诉麦肯锡的顾问："我们公司已经连续两年亏损了，试过很多办法，像开源节流、辞退员工，都没什么用，这该怎么办？问题出在哪儿呢？帮我们想想办法吧！"

在这种情况下，这位顾问并没有按照客户提出的请求，给出相应的建议。因为他知道，真正要解决的问题，不一定是财务亏损，根源有可能是在其他方面。所以，他在处理这一问题时，选择了"从零开始"思考。

这是麦肯锡人的一贯作风，无论自身的经验资历有多么丰富，他们在面对客户的提问时都不会随口说出答案，而是选择"回到原点"，先对问题进行一定的了解，收集大量的资料。他们十分清楚，问题只是一种表象，背后往往隐藏着更重要的东西——事实。

从零开始思考

从零开始思考、创造的思维，可以被称为零基思维，即拿掉既有框架，让思维回归原点，从头开始思考的思维方式。这种思维方式能够最大限度地让我们去进行创造。

看清事实，发现问题背后的真相，对解决问题起着重要作用。

多年前，麦肯锡的一位顾问接到了一个项目，客户是一家大型银行，希望通过麦肯锡来提升外汇方面的业绩。这位顾问不太了解该银行的业务，在和团队其他成员研究商讨之后，决定以银行的后勤部门为样本进行假设，并以降低后勤部门 30%

的经营成本为目标，对这一假设进行验证（我们在前面说过，提出假设后要通过调查和分析进行验证）。如果该假设成立，他们就可以将这一模式应用到银行的其他部门。

确定了假设与目标后，该顾问就来到银行的后勤部门，请他们提供相关的资料。银行后勤部门的负责人对麦肯锡顾问的这种做法表示怀疑，在他看来：麦肯锡的顾问从来没有做过银行的后勤工作，自然也不太了解这一行的操作流程，就算他们能够根据提供的资料作出报告，报告中的数据也都是自己知道的，这种工作没什么意义。

面对后勤部门负责人的质疑，麦肯锡的顾问没有反驳，而是把资料带回去仔细研究。在麦肯锡的理念中，研究是一切分析和行动的前提。没有对翔实材料的研究，所谓的分析只是凭空猜想，根本不能把握住问题的本质。

研究过后，麦肯锡的顾问终于发现了一个信息：在这些资料中，有一项产品的生产成本约占部门总生产成本的50%，而其产生的业务却只占部门总业务的5%。换言之，这项产品的存在，直接拉低了部门的整体业绩，而银行的相关人员竟然没有意识到这一点。

当麦肯锡顾问的假设得到证实以后，他们就开始将对后勤部门的分析模式和理念套用在其他部门，最终取得了很好的成果，银行也对麦肯锡的工作感到非常满意。

透过麦肯锡的这个实例，我们不难认识到：从解决问题的角度上来说，保持“从零开始”的思考习惯，有助于抓住真正的问题点，继而挖掘出解决问题的线索。这样做看似费工夫，实则是少走弯路，因为一旦忽略或弄错了真正的问题，所做的一切都是白费力气。

08 第三选择
——怎样走出非此即彼的思维模式？

小孩子看电视剧的时候，最喜欢问一个问题："这个人是好人，还是坏人？"在孩子的意识里，世界上只有两种人，要么是好人，要么是坏人，好人是值得相信的，坏人是要远离的。他们并不知道，世界上的人形形色色，种类繁多，不能简单地用好与坏来进行分类。

对于许多重要的问题，无法用简单的"是"与"否"来回答。孩子天真可爱，童言无忌，可作为成年人，如果也总是用非黑即白、非是即否、非好即坏、非对即错的方式来思考问题，那就犯了虚假两分的逻辑谬误。

虚假两分的思维方式，会把一个可能存在多种问题的答案，假设成只有两个可能的答案，似乎全世界所有问题都只有两面。而当我们把结论限制在两个以内的时候，我们的视野会被限制，思维也会遭到严重的束缚。

某建筑公司的老板因有事提前接孩子回家，在教学楼门口，恰好碰上了该校的校长。由于和校长是旧相识，就闲聊了几句。期间，他指着较为陈旧的教学楼说："校长啊，咱们这教学楼太旧了，看起来不怎么牢固，万一发生地震，真是扛不住啊！你们要么把它拆了重建，要么就只能让学生冒着生命危险上课了。”

校长一听，就意识到这位建筑公司老板是想让他拆除旧教学楼，承揽这个项目。于是，校长笑着回应：“你不知道吧，我们这大楼刚刚通过抗震能力检测，至少可以抵抗6级地震，建筑质量完全没问题。我们也决定，下个学期对它进行外观装修，让它焕然一新。”

听完校长的话，建筑公司老板就知道没戏了，寒暄了几句后便主动告辞了。

解决教学楼陈旧的问题，有不少可取方案，建筑公司老板说的是两个最极端的选择。既是极端的选择，也就意味着不是最佳的办法。当我们在遇到“二选一”的困惑时，不妨问问自己：除了这两个选项，还有没有第三种可能？

第三选择

第三选择不是第三个选择，而是第三维度的选择，不是折中或和稀泥，而是在一个平面的二维世界里找到第三维，在一个不可行、不可能的平面上增加一维。第三选择是要我们走出“非此即彼”的思维模式，从不同的视角和维度去看待问题。

有一句话用在这里恰如其分：“如果你只会一种做事的方法，那你就和机器人无异；如果你只会两种做事的方法，你就会陷入两难的境地；如果你想真正地拥有灵活性，你就必须至少掌握三种做事的方法。”

认识虚假两分的逻辑谬误，有助于我们用开放性的思维去想问题，特别是在遇到挫折的时候，能够及时地提醒自己和他人：还有第三种可能！这样的话，就不会把一个问题往极端了想，也不会因为一次偶然的失败，就彻底丧失自信，认为人生和未来是一片黑暗。

从表面上看，遇到挫折一蹶不振，似乎是心态过于悲观，但其实是陷入了虚假两分的逻辑陷阱。稍加分析就知道，这是把人生错误地分为了两个极端，一个是正极端，一个是负极端，不是这个，就是那个，没有中间物。

我们要认识到，人生并不是只有两种可能，还有无限种可能，且每种可能皆有可能！高考落榜了，复读也有可能重新实现梦想；即便不复读，还可以选择专科学校；失恋了还可以再恋爱，也许能找到更适合自己的人……当我们意识到了第三种可能性存在时，我们就从牛角尖里钻出来了，并欣喜地发现，人生不存在绝境，处处都有转机。

09 升维思考

——我们为什么要学习蝈蝈思维？

炎热夏日，一群蚂蚁在搬粮食，它们有的背、有的拉，个个累得满头大汗。几只蝈蝈见状，嘲笑蚂蚁是傻瓜，它们躲在树下乘凉，有的唱歌、有的睡觉，自由自在。冬天到了，西北风呼呼地刮着，蚂蚁躺在装满粮食的洞里过冬；蝈蝈又冷又饿，再没了往事的神气。

在寓言世界或语文课本里，蚂蚁绝对是一个勤劳做事、未雨绸缪的典范，用这个故事教育孩子，无疑也是不错的素材。可是，到了商业管理课上讨论思维方式时，蚂蚁和蝈蝈的命运却发生了反转，学习的榜样也从蚂蚁变成了蝈蝈，你知道为什么吗?

蚂蚁注重“存量”，总是将自己的人力、物力和财力尽可能地存储起来；蝈蝈注重“流量”，不会存储人力、物力和财力，而是在需要时直接拿来就用。因而，这两种动物代表的是两种不同的思维方式——“蚂蚁思维”与“蝈蝈思维”。

在互联网高度发达的今天，作为存量的知识被存在了云端，任何人在需要时都可以取用，所以现代社会重视的不是“存储”知识的能力，而是“使用”知识的能力。另外，当代商业环境变化迅速，存量知识的价值会降低，我们需要把知识当成流量来看待。

在蚂蚁的世界里，只有前后左右，是一个二维世界。然而，蝈蝈在必要的时候，可以选择跳跃，跳出只有“前后左右”的二维世界，多了一个“上帝视角”，可以俯瞰这个世界。我们也要像“蝈蝈”一样，在必要的时候纵身一跃，学会升维思考。

升维思考

升维思考，是指跳出眼前问题的限制和常规解法，通过视角、层级、时间、位置、边界、结构的变换，重新思考问题及其解决之道。升维思考能使我们获得一种“元视角”，即能从点、线、面、体、空间、时间多角度，由具体到抽象地“全方位俯瞰”事物本身的一种立体视角。

爱因斯坦说过：“我们不能用制造问题时的同一水平思维来解决问题。”当有些问题无法在既定框架中得到彻底有效的解决，我们就要升维思考力，为自己打开一扇更大的窗户，架起一个更高的梯子，站在更高的维度重新审视问题，迫近问题的本质，最终解决困境。

美国的一位前宇航员，曾搭乘宇宙飞船去了太空。最初从太空遥望地球时，他总是寻找自己所在的国家和城市，以及其他的国家和地区。随着在太空中工作的时间越来越长，他的关注点发生了改变，开始观察地球这一蓝色星球整体的美。

回到地球后，这位宇航员将自己在太空中看到的蓝色星球展示给世界不同国家的人们，并到全球进行慈善演讲，呼吁全人类保护地球。他的这一宣传，也让更多的人意识到，在地球上生活的不同国家和种族的人，都属于同一个整体、同一个系统。

升维思考，能够让我们用一种“无我”的姿态去看待一切，不再沉溺于自我的情绪与感受里；同时，也能让我们拥有更宏观的视野和更清醒的洞察，从而做出更准确的判断与决策。

视角的转变往往会改变我们的思维，让我们对同一个问题产生不同的理解、判断与思考。当我们看待一件事的角度变了，之前困扰我们的问题就可能迎刃而解或是不复存在。就如普鲁斯特所说："真正的发现之旅不在于发现新风景，而在于获得新视角。"